鳥醫師診療室

一次搞懂常見鳥兒疾病的預防與治療

張佳倖／著

獸醫師、毛派樂動物醫院創辦人暨院長

晨星出版

目次

自序 8
前言　怎樣才是健康的鳥兒 10

PART 1 常見的鳥兒疾病

第 1 章　嚇死寶寶了
緊迫 x 免疫 x 猝死
➡ 緊迫容易生病，還有可能會嚇死？ 14
➡ 避免緊迫的照護措施 15

第 2 章　帶球跑的紮實胖子
肥胖
➡ 鳥兒體態評分標準 17
➡ 肥胖也是一種病 19
➡ 鳥寶身材管理辦法 22

第 3 章　我的鳥淚眼汪汪
單眼傷風（披衣菌感染）
➡ 不單純的眼睛感染 24
➡ 人也會感染披衣菌 25
➡ 預防勝於治療 26

第 4 章　嗶嗶！這裡有蟲蟲聚眾鬧事
毛滴蟲感染症
➡ 皮膚出現問題就一定是皮膚病嗎？ 27
➡ 毛滴蟲是什麼蟲蟲？ 28

第 5 章　兩頰髒髒還有結塊分泌物
耳炎

- ➡ 鳥類臉頰上的洞 ... 31
- ➡ 耳朵相關的病症 ... 32

第 6 章　氣球鳥寶
皮下氣腫

- ➡ 鳥的呼吸器官跟人大不同 ... 35
- ➡ 皮下氣腫的氣球鳥 ... 37
- ➡ 氣球鳥會有生命危險嗎？ ... 38

第 7 章　礦坑中的金絲雀
氣體中毒

- ➡ 鳥兒氣體中毒的原因 ... 40
- ➡ 鳥類氣體中毒怎麼辦？ ... 43

第 8 章　才餵了奶又見到奶
嗉囊燙傷

- ➡ 鳥到底有幾個胃？ ... 44
- ➡ 嗉囊燙傷病程 ... 46
- ➡ 嗉囊燙傷治療 ... 48
- ➡ 如何預防嗉囊燙傷 ... 48

第 9 章　生不出來的蛋
難產

- ➡ 蛋蛋是怎麼來的？ ... 49
- ➡ 醫生，我的蛋蛋卡住了！ ... 50
- ➡ 遇到難產，快做 X 光檢查！ ... 51
- ➡ 難產併發症：泄殖腔脫垂 ... 54

第 10 章　令人擔心的蛋蛋富翁
慢性產蛋症候群

- ➡ 一顆接一顆生個不停的蛋蛋 ⋯⋯⋯⋯ 56
- ➡ 如何避免發情及慢性產蛋症候群 ⋯⋯ 57

第 11 章　屁股上長了一顆大痘痘
尾脂腺疾病

- ➡ 鳥味跟屁屁上那一粒大有關係 ⋯⋯⋯ 60
- ➡ 變形的尾脂腺 ⋯⋯⋯⋯⋯⋯⋯⋯⋯⋯ 61

第 12 章　不完整的羽絨衣
羽毛生長異常

- ➡ 羽毛的種類與結構 ⋯⋯⋯⋯⋯⋯⋯⋯ 63
- ➡ 羽毛生長過程 ⋯⋯⋯⋯⋯⋯⋯⋯⋯⋯ 64
- ➡ 鳥兒的換羽條件 ⋯⋯⋯⋯⋯⋯⋯⋯⋯ 65
- ➡ 如何幫助鳥兒順利換羽 ⋯⋯⋯⋯⋯⋯ 66

第 13 章　我不是故意當歪嘴雞
嘴喙生長異常

- ➡ 嘴喙結構 ⋯⋯⋯⋯⋯⋯⋯⋯⋯⋯⋯⋯ 68
- ➡ 越長越長、越長越歪的嘴喙 ⋯⋯⋯⋯ 68

第 14 章　我的鳥熱昏了
中暑

- ➡ 鳥兒如何調節體溫？ ⋯⋯⋯⋯⋯⋯⋯ 72
- ➡ 天氣熱時才會中暑？ ⋯⋯⋯⋯⋯⋯⋯ 73
- ➡ 鳥兒中暑的症狀 ⋯⋯⋯⋯⋯⋯⋯⋯⋯ 75
- ➡ 中暑的緊急處置 ⋯⋯⋯⋯⋯⋯⋯⋯⋯ 76

第 15 章　並沒有絕對安全這種事
常見意外事故

- ➡ 溺水及吸入性嗆傷　77
- ➡ 骨折　79
- ➡ 纏繞受傷　81
- ➡ 燙傷　83
- ➡ 黏鼠板　85
- ➡ 玩具意外　86

PART 2
從看診到急救，醫生教你怎麼做

第 16 章　看醫生免緊張
居家減敏小訓練

- ➡ 訓練 1：量體重　89
- ➡ 訓練 2：毛巾包裹及保定練習　90
- ➡ 訓練 3：進出外出籠或外出包　91
- ➡ 訓練 4：習慣「被」餵食　92

第 17 章　外出就醫不頭疼
帶鳥寶看病要注意什麼

- ➡ 建議 1：外出籠／外出包要蓋布　93
- ➡ 建議 2：外出籠內不需提供飲水　94
- ➡ 建議 3：看情況決定是否保溫　94
- ➡ 建議 4：外帶一份新鮮便便　95
- ➡ 建議 5：攜帶照片／影像記錄　95

第 18 章　有事早發現，沒事放寬心
健康檢查
- ➡ 問診 96
- ➡ 理學檢查 98
- ➡ 抹片檢查 100
- ➡ 血液生化檢查 101
- ➡ 影像學檢查 102
- ➡ 其他檢查 104

第 19 章　多久餵一次？一次餵多少？
病／幼鳥餵奶注意事項
- ➡ 定時定量錯了嗎？ 105
- ➡ 病鳥再灌食症候群 106
- ➡ 幼鳥餵奶頻率 107

第 20 章　掌握技巧給藥不難
如何餵鳥兒吃藥？
- ➡ 方式 1：藥水 110
- ➡ 方式 2：藥粉 111
- ➡ 方式 3：膠囊 111
- ➡ 方式 4：管餵 112
- ➡ 方式 5：混合於飲用水或飼料中 114

第 21 章　輔助吃藥的好方法
鳥可以打點滴嗎？
- ➡ 打點滴的位置 115
- ➡ 打針的位置 117

第 22 章	把握搶救黃金時間
	鳥 CPR 心肺復甦術

- ➡ 步驟 1：確認有無呼吸 ⋯⋯ 118
- ➡ 步驟 2：維持呼吸道暢通 ⋯⋯ 119
- ➡ 步驟 3：確認有無心跳 ⋯⋯ 119
- ➡ 步驟 4：人工呼吸至少持續 2 分鐘 ⋯⋯ 119
- ➡ 步驟 5：按壓胸骨 ⋯⋯ 120

第 23 章	好好說聲再見
	關於安樂死 ⋯⋯ 121

附錄	**鳥兒的家庭健康管理**

- ➡ 籠子選擇及布置 ⋯⋯ 124
- ➡ 環境溫度及濕度控制 ⋯⋯ 125
- ➡ 觀察健康狀況 ⋯⋯ 125
  - 活動力 ⋯⋯ 125
  - 食慾及食量 ⋯⋯ 126
  - 羽毛蓬鬆程度 ⋯⋯ 126
  - 嘔吐或吐料 ⋯⋯ 127
  - 打噴嚏 ⋯⋯ 127
  - 破損的羽毛 ⋯⋯ 127
  - 神經症狀 ⋯⋯ 128
- ➡ 觀察糞便 ⋯⋯ 128
- ➡ 觀察尿液及尿酸鹽 ⋯⋯ 130
- ➡ 日常保健 ⋯⋯ 131
  - 洗澡 ⋯⋯ 131
  - 剪趾甲 ⋯⋯ 132

自序

　　作為一位熱愛動物的獸醫師，我的旅程始於高中時期。當時遇到了我人生中第一隻鳥——米糕，牠是一隻紫羅蘭小鸚幼鳥，雖然身材小巧且沒有夢幻的顏色，卻以牠獨特的魅力深深吸引了我。那時，米糕的渾身刺毛和標準黑色帶黃邊的嘴巴，可愛的姿態迅速在我心中扎根，成為生活中的一部分。

　　然而，米糕的生命卻是短暫的。突然開始的嘔吐讓我措手不及，經過診斷，牠被確診為念珠菌感染。當時的我對於鳥類的健康問題幾乎一無所知，無法理解這種疾病的嚴重性。即便是在獸醫師的指導下，我努力地為牠灌食與餵藥，但米糕的病程仍快速發展，最終離開了我。第一次面對心愛的鳥兒離去，我感到無比的遺憾與無助，無法為牠做更多的事情，這份心痛至今仍烙印在我的心中。

　　在隨後的日子裡，我遇到了小鸚夢奇和杜波小巴，還有其他孩子。這些鳥兒們的到來再次點燃了我對鳥類的熱情。

　　當時的飼養環境缺乏足夠的資訊，讓許多飼主在面對鳥類健康問題時不知所措。米糕的離去不僅是我心中的一個遺憾，更是與其他緣分一起激發我成為獸醫師的強烈動機。我希望透過自己的努力，彌補這些不足，並幫助其他飼主避免類似的憾事重演。

自序

　　隨著時間的推移，即使現在資訊發達，但對於一些鳥兒基本的生理知識和疾病預防，許多飼主仍缺乏系統性的了解。這使得鳥兒生病時，飼主往往感到無助和迷茫，甚至無法及時採取有效的措施。因此，我決定將自己的學習與臨床經驗整理成書，期望能夠幫助更多的飼主。

　　這本書不僅僅是一本關於鳥類的介紹，更表達了我對這些可愛生物的深切關懷與愛護。我希望讀者能夠透過這本書，深入了解鳥兒的生理結構、常見疾病及其保健方法，讓每位飼主在面對鳥兒的健康問題時，都能夠有所依據，從容應對。此外，我也希望這本書能成為您探索鳥類世界的指引，讓我們共同守護這份自然的美好。

獸醫師
毛派樂動物醫院創辦人暨院長

張佳偉

前言
怎樣才是健康的鳥兒

　　健康的鳥兒應該長怎樣呢？來到我門診的鳥，無論是來做健康檢查、還是為了疾病而來，一定都會聽到我問飼主這句話：「最近鳥兒精神、食慾如何？」為什麼要反覆地確認這件事？因為鳥兒在自然界中屬於被掠食者，有隱藏病況的天性，而大部分的疾病都會造成鳥兒精神與活動力變差、食慾減退，所以飼主只要細心觀察鳥兒的狀況，就會知道牠的健康狀態。

　　以下幾個方向，可以作為評估是否要將鳥兒收編成為家中一分子的依據：

🌀 精神及活動力
　　健康鳥兒體力好、活動力旺盛，對周遭事物都充滿好奇心，在籠內看起來很忙碌地跟其他鳥兒互動、爬上爬下或啃咬玩具，在籠外到處探索或飛行。即使在休息，也會因為周遭聲響或光影變化而有反應。鳴叫、講話、唱歌也都是精神狀況的觀察重點，通常「變乖、變安分、變安靜、不講話」就是鳥兒身體不適的警訊。

🌀 食慾及食量
　　食慾好的鳥兒會對食物有興趣，當飼主給食（如換飼料、給予蔬果或餵奶）時，鳥兒會開心地來回移動或發出叫聲，甚至在接近餵食時間敲打食盒發出聲響，藉此提醒飼主該給食物了。食量和食慾不同，指的是鳥兒實際的進食量。健康鳥兒每日的食量相近，產蛋前後換羽期的鳥兒進食量會增加，病鳥則容易因身體不適而厭食。觀察鳥兒的食量增減，有助於及早發現鳥兒的異常。

前言　怎樣才是健康的鳥兒

● 排泄物

　　鳥兒的排泄物由糞便、尿液及尿酸三個部分組成。健康鳥兒的糞便呈條狀，顏色會因為食物而改變，像是吃了木瓜會出現橘色糞便、吃了藍莓會有深藍色的糞便，而吃了火龍果則會有紅色糞便。糞便周圍包圍著透明尿液，依據鳥兒喝水量及喝水習慣的不同，尿液量也會有所不同。虎皮鸚鵡的尿液量比較少，通常只看到由條狀糞便捲成一顆一顆的糞便、周圍尿量很少。吸蜜鸚鵡則會因為大量飲水或吃水果而出現大量尿液，造成「噴糞」狀況。

● 羽毛

　　健康鳥兒身上覆蓋著平順帶有光澤的羽毛，不應該有髒汙、破損、彎折或是壓力紋❶出現。尤其需注意肛門附近的羽毛是否乾淨，若有黏附排泄物的痕跡，可能就是鳥兒拉肚子的證據。

● 眼睛

　　健康鳥兒眼神明亮有朝氣，眼睛、鼻孔及嘴喙周圍的羽毛柔順。不健康的狀態例如眼周紅腫，通常伴隨過多的眼部分泌物，會讓周圍羽毛濕潤成一束一束的，外觀看起來甚至像脫毛一樣。

● 鼻孔

　　以玄鳳鸚鵡這類鼻孔明顯的鳥種來說，健康鼻孔周圍的皮膚顏色呈現淡淡的膚色至粉紅色，如果過度蒼白可能是身體異常的警訊。當鳥兒有打噴嚏的狀況，鼻孔周圍的羽毛會變濕潤，看起來會像是出現兩撇小鬍子，聞起來也會有異味。

註 ❶　鳥兒身體或營養狀況不佳而造成羽毛生長異常，羽毛會出現和羽軸垂直的橫向紋路，稱為壓力紋。

PART 1
常見的鳥兒疾病

/ 第1章 /

嚇死寶寶了
緊迫 × 免疫 × 猝死

緊迫是由於不良的刺激因素對身體或生理造成壓力，驚嚇則是最常被直覺反應的緊迫因子，但其實疾病及營養不均衡造成的身體不適也會引發緊迫，容易被忽略的因素還有飼養管理不當：通風不良、飼養密度過高、飼養環境過冷過熱或衛生條件不佳等等。

鳥兒發生驚嚇造成的緊迫可能會有兩種表現：一種是威嚇敵人，此時鳥兒會壓低身體、翅膀微張並張開嘴發出低沉叫聲準備攻擊。另一種是躲避逃跑，當鳥兒振翅急飛想要逃離的時候很容易造成撞傷；如果無法逃跑，鳥兒會緊貼羽毛，接著出現閉眼、呼吸急促、無法維持站姿的狀況。

當身體不適及環境不良引起的緊迫持續時間較長，鳥兒會出現精神及活動力變差，食慾不振、進食量減少等狀況，並隨著疾病發展而出現相應的臨床症狀。

😠 緊迫容易生病，還有可能會嚇死？

是的，鳥兒緊迫容易生病，驚嚇引發一連串反應的結果，最後有可能會死亡。

緊迫會刺激鳥兒的內分泌，短時間分泌大量的腎上腺素及正腎上腺素，這兩種激素是造成所謂「打或跑反應（fight or flight response）」的激素，一連串的作用會讓鳥兒的血糖上升、非必要部位的血管收縮、心跳加速、血壓升高、呼吸增快，好將額外的資源轉送到最需要的地方，讓身體可因此快速適應緊迫及應付緊急狀況。然而，當緊迫因子持續存在，慢性緊迫會讓這兩種激素持續分泌，若有傷口會影響癒合速度，免疫系統也會被抑制而容易生病。

鳥兒正常的血壓約在 90～150mmHg 左右，不同品種的血壓則可能高達 250mmHg。較高血壓能維持身體內循環的血流，但因為鳥兒的動脈彈性較差，在緊迫情況下的高血壓可能造成動脈破裂、出血、心肌收縮異常、身體組織缺氧、肌肉壞死而引發猝死，這個狀態又稱為捕捉性肌病。

避免緊迫的照護措施

鳥兒是敏感細膩的動物，無論心理還是生理的緊迫都會引發許多不良反應，嚴重的話甚至導致死亡，因此我們需要在各方面減少對鳥兒產生緊迫，飼主也應養成在家觀察鳥兒的習慣，及早發現生病才能及早治療。

對於親人的寵物鳥來說，平時可以藉由居家訓練（請參考第 16 章），讓鳥兒習慣一些就醫時可能面對的操作，減少驚嚇導致的緊迫。至於不親人的鳥兒如果需要就醫，在運輸時蓋上鳥籠布，縮減保定操作的時間，並適時使用舒緩緊迫的環境噴劑（如放輕鬆噴劑）、鎮靜或麻醉等化學保定方式，都是降低緊迫的方法。

同時飼養多隻或不同品種的鳥兒，或甚至是不同物種的寵物時，需注意每個個體的個性和彼此間的互動方式，必須提供較膽小的鳥兒可以安心休息的空間與可躲藏的遮蔽物。

此外，避免飼養密度過高，維護飼養環境以及提供鳥兒均衡營養，也都是維持鳥兒健康的關鍵。

鳥醫師推薦

如同品名——放輕鬆噴劑，主要作用就是讓動物感到放鬆。這款噴劑有個特殊的氣味，主要來自於天然植物——纈草——的草本精油，透過降低神經興奮度及抑制神經衝動，來達到舒緩緊迫或焦慮情緒的目的。對於台灣常見的寵物，包含鳥兒、狗、貓、爬蟲類，都分別有臨床研究證實其效果及安全性。

在鳥兒門診中，放輕鬆噴劑已經是常態出現的好夥伴，推薦給情緒起伏較大的鳥兒們（焦慮、過於興奮、發情、護巢、具攻擊性等等），或外在環境刺激較多的情況（外出、環境改變、家中有訪客或新寵物、住院、夜驚、雷雨季、附近有煙火施放、地震等等）下使用。

◆ 不同形式的放輕鬆噴劑，室內室外都能使用。
◆ 圖片提供：國歡企業股份有限公司

第 2 章

帶球跑的紮實胖子
肥胖

🐦 鳥兒體態評分標準

常有飼主會問：「醫生，我家的鳥會不會太胖或太瘦？體重應該要多少才對呢？」通常我會回答：「體重是自己跟自己比的，短時間內體重如果有大幅度變化都不對！」

鳥兒的身材是否太胖或太瘦，可透過觸摸胸骨兩旁胸肌量的「體態評分（Body Condition Score，簡稱 BCS）」來評估。

| 如何測量 BCS？ | ◆ 鳥仰躺，視角為從鳥屁股往頭的方向看。 |

BCS 1：極消瘦

胸骨上幾乎摸不到胸肌，胸骨突明顯凸出像一把刀，俗稱「刀胸」。

◆ 玄鳳鸚鵡，體態評分：BCS 1/5（極消瘦）。

PART 1 常見的鳥兒疾病

BCS 2：消瘦

胸骨上摸得到一層胸肌，但胸肌呈凹陷狀。

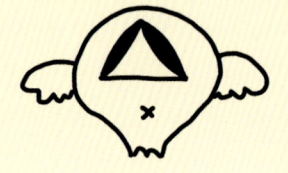

BCS 3：體態適中

可觸摸到胸骨突、兩側胸肌呈凸面狀。

BCS 4：過胖

依附在胸骨突兩側的胸肌過厚，無法觸摸到胸骨突。可能會見到皮下脂肪。

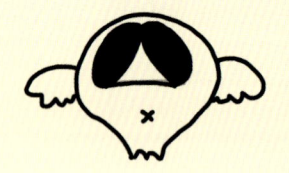

◆ 太平洋鸚鵡，體態評分：BCS 4/5（過胖）。

BCS 5：極肥胖

胸骨突兩側的胸肌比胸骨突更加凸出，即胸骨突相對比較凹陷，有皮下脂肪堆積。

◆ 綠繡眼，體態評分：BCS 5/5（極肥胖）。

第 2 章 帶球跑的梨實胖子：肥胖

鳥兒身材消瘦的情況，可能發生在生病或缺乏運動而造成肌肉萎縮的籠養鳥。肥胖的高風險族群則包含高熱量的飲食習慣、缺乏運動及易胖品種（如亞馬遜鸚鵡、虎皮鸚鵡等）。

肥胖也是一種病

肥鳥雖然看起來圓滾滾的很可愛，但肥胖也是一種病，而且會引起多種併發症。跟所有的胖子一樣，胖鳥容易發生喘及呼吸困難的症狀，原因是內臟脂肪會壓迫到氣囊。在呼吸不順的情況之下，活動力會變差，運動減肥又會更加辛苦。

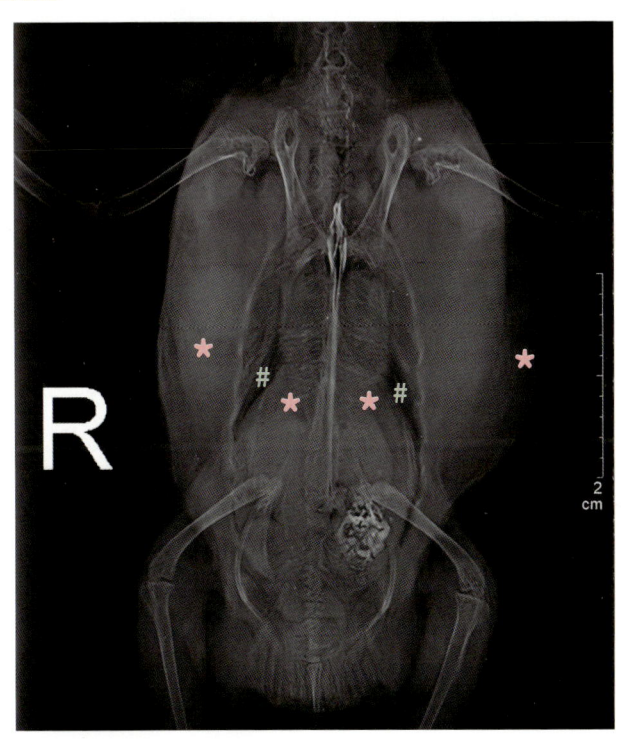

＊ 皮下脂肪及內臟脂肪
＃ 受壓迫變小的氣囊

◆ 虎皮鸚鵡的 X 光腹背照，可以看到過多的內臟脂肪已經壓迫氣囊。

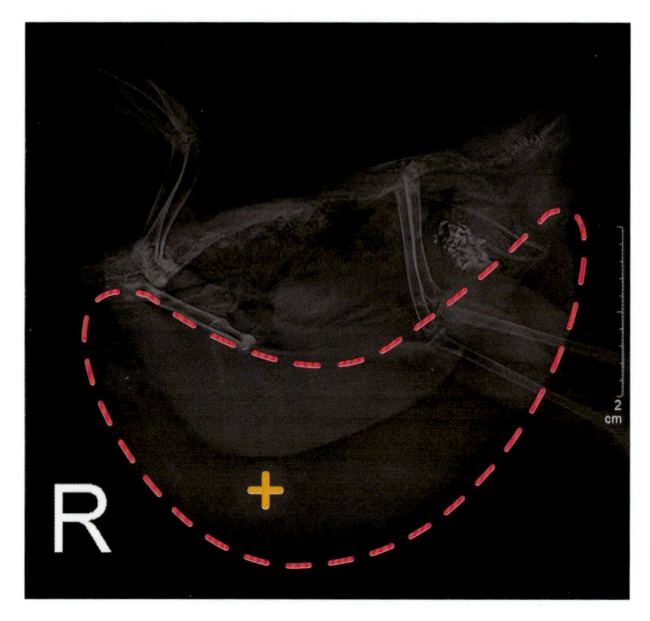

-- 脂肪瘤
+ 疑似鈣化組織

◆ 同上一隻虎皮鸚鵡，X光右側躺照，胸口及腹部軟組織影像為脂肪瘤。

　　胖鳥外觀上明顯的併發症，包括經常出現在嗉囊外側及腹部皮下的**脂肪瘤**或**黃色瘤**，屬於觸感柔軟的良性腫瘤，但可能會因為這些贅瘤太大而沾黏到糞便，造成髒汙或影響排便。這種情形一般會建議幫鳥兒**減肥**即可，但如果贅瘤表面反覆出現傷口或影響生活品質，則會建議**手術切除**。

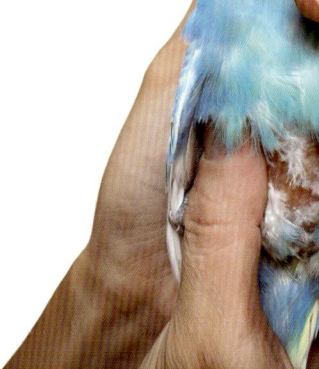

◆ 虎皮鸚鵡的腹部脂肪瘤。

除此之外，肥胖還會引起多種併發症，影響相當廣泛：

★ 腸胃症狀：食物反流、慢性營養不良、下痢
★ 繁殖能力下降、卡蛋難產、泄殖腔脫垂
★ 腳掌炎、骨關節炎
★ 心血管問題：高膽固醇血症、動脈粥狀硬化、心臟衰竭、猝死
★ 內分泌問題：甲狀腺功能低下

基於對健康的各種負面影響，飼主必須**幫助鳥兒維持良好體態**。

◆ 虎皮鸚鵡過重的體重壓迫足部造成禽掌炎，腳掌外觀可見局部紅腫、脫皮及角質增生。

🐥 鳥寶身材管理辦法

身為一隻胖鳥，應該如何減肥呢？

1 增加活動及運動量

在洗澡時，透過拍動翅膀可以大幅 提高基礎代謝率 。飼主可以使用淺碟裝水，讓鳥兒自己洗澡，或者用噴霧罐輕柔地灑水在鳥兒身上。

也可嘗試更換大一點的籠子，在籠內放各種棲木、平台、階梯、鞦韆及玩具等，並調整食物和飲水的擺放位置，或使用覓食玩具，讓鳥兒在籠內也能上上下下地攀爬活動。放出籠時則鼓勵牠多多飛行。

如果鳥兒不愛飛，可以由飼主拿著食物引誘鳥兒攀爬或走動，或讓鳥兒站在飼主手上，藉由上下晃動讓鳥兒拍動翅膀運動。有些鳥兒喜歡跟飼主一起唱歌跳舞，一起活動也是很好的運動方式。

在鳥兒養成良好的自主運動之前，上述的引誘或被動運動建議時間為 5 分鐘 。如果鳥兒開始有點喘，就要先停止運動，讓牠緩和一下、喘口氣，切忌操之過急唷！

❷ 調整飲食比例

減少供應高熱量穀類及堅果類，鼓勵多吃蔬菜或甜度較低的水果以及商品化日糧（即滋養丸）。

滋養丸由多種種子穀物及蔬果組成，並含有維生素、礦物質及益生菌等，可以避免鳥兒因挑食而導致營養不均衡，作為主食是很好的選擇。蔬果類提供多種維生素、纖維、微量元素、酵素、有機酸類等，除了補充營養之外，也能幫助維持腸道菌叢健康及促進腸蠕動。惟水果糖分較高，需酌量給予。

平常不習慣吃滋養丸或蔬菜水果的鳥兒，可能無法快速接受新食物，通常在食物轉換期會讓很多飼主感到心累、鳥兒也備感壓力。除了滋養丸及蔬果比例漸增、穀類漸減之外，建議飼主可以調整心態，將蔬果或滋養丸作為玩具的材料，以各種不同的形式提供給鳥兒攝食，例如將食物放在各種不同形狀或材質的容器中，放在平面或吊掛起來，或者弄碎、切成各種形狀、拌著穀物飼料等等方式，讓鳥兒在玩樂中學著吃。

◆ 綜合堅果。　　　　　　　◆ 滋養丸。

餵食的時間點建議模擬野生鳥類的覓食狀態：白天先飛行活動，尋找到食物之後才能進食，也就是「先運動、再吃飯」。運動會讓鳥兒的交感神經活化，增加代謝速率及脂肪消耗，達到幫助減肥的效果。

第 3 章

我的鳥淚眼汪汪
單眼傷風（披衣菌感染）

🟠 不單純的眼睛感染

在鳥門診中，常常可以聽到鳥爸媽們提出「鳥眼睛周圍紅腫或有眼淚＝單眼傷風」的公式。但所謂的單眼傷風，其實是鳥兒的**披衣菌感染症**，又被稱為「鸚鵡病」或「鸚鵡熱」，而且**並不是只感染眼睛**唷！

感染鳥兒的披衣菌是鸚鵡熱披衣菌（Chlamydia psittaci），這是一種只住在細胞內的寄生性細菌，會隨著病鳥的眼鼻分泌物、嗉囊內容物、糞便及羽毛、羽粉散播，鳥與鳥之間**直接或間接（包括吸入）接觸**這些汙染物，就有機會被感染，潛伏期可以長達 **2 至 4 週**。

受感染的鳥兒通常最先出現的是單眼結膜炎，之後也有可能雙眼都發病，眼睛周圍紅腫、流眼淚，**眼球表面的眼淚看起來有泡泡**。

◆ 杜可波氏巴丹鸚鵡，因披衣菌感染導致眼睛表面有眼淚泡泡。

除了眼周羽毛可能因為被眼淚沾濕而變成一束一束的，如果鳥兒用翅膀（肘關節處）摩擦眼睛，翅膀的羽毛也會成束或被淚液染色。

除此之外，披衣菌還會感染鳥兒的呼吸道及消化道，出現流鼻水、呼吸窘迫、厭食、下痢、飲水量增加等症狀。病程再更進一步發展，可能造成肝臟及脾臟受損，引發全身性感染及死亡。

◆ 玄鳳鸚鵡，眼睛周圍毛髮被眼分泌物（淚水）浸濕，乾掉後外觀呈現一束一束。

當獸醫師懷疑鳥兒感染披衣菌時，會採檢眼鼻分泌物或鼻後孔拭子檢驗。如果確診，治療約一個半月的投藥時間，需要飼主有耐心陪伴鳥兒度過。之前提過披衣菌很容易散播、潛伏期也較長，所以當家中有鳥兒確診披衣菌感染時，建議全部的鳥兒一起投藥，避免輪流傳染及發病。值得慶幸的是，鳥兒接受治療的 48 小時後，就會停止散播病原體。

😺 人也會感染披衣菌

鳥兒的披衣菌是人畜共通傳染病，台灣每年確診陽性的案例數約 3 個以下，多數發生在以下幾個族群：

❶ 高風險環境的人，如飼養鳥類或家禽的人、寵物業者、獸醫師、家禽肉品相關行業人員。

❷ 免疫力較差及身體狀況不佳的人，如老人、孩童、孕婦等。

跟「鳥與鳥」之間互相傳播的方式類似，披衣菌可經由「鳥傳人」的途徑傳播，例如人類吸入受汙染的飛沫或被感染的乾燥鳥類排泄物、羽毛粉塵而感染。「人傳人」的狀況則很少發生。

人一旦受到感染，會出現頭痛、發燒、肌肉痠痛、乾咳，嚴重還可能併發肺炎、呼吸衰竭、肝炎、腦炎及心內膜炎。

預防勝於治療

為了避免人和家中鳥兒染上披衣菌，新鳥入厝時建議盡早健檢，並且先隔離單獨飼養6週。飼養環境須保持清潔，打掃人員建議配戴口罩及手套。避免飼養密度過高，並使用空氣清淨機減少環境中懸浮的粉塵髒汙。

鷦鷯
wren

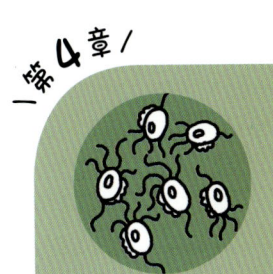

第4章 嗶嗶！這裡有蟲蟲聚眾鬧事 毛滴蟲感染症

🍊 皮膚出現問題就一定是皮膚病嗎？

　　曾經遇到一個有趣的病例：白斑鳩嘴喙下方及頸部有大面積脫毛，皮膚紅腫、表面帶有一些小傷口。看到鳥兒的瞬間，同時聞到一股濃濃的藥膏味，心想：「是看過其他醫生，治療後沒痊癒嗎？」雖然來看診的原因是皮膚出現問題，但對於初次見面的鳥兒，得<u>一切從頭開始問診</u>，包含：飼養多久？鳥兒來源？家裡有幾隻鳥？養在哪裡？食物飲水內容以及多久更換一次等等。至於問到皮膚方面的狀況，得知鳥兒從某天開始搔抓頸部皮膚，越抓越嚴重，羽毛也陸續脫落。

　　問了一大圈，才發現先前鳥兒並沒有看過醫生，所擦的藥膏是飼主自行給予的抗黴菌藥膏。後續做了相關檢查，皮膚既沒有黴菌，羽毛上也沒有寄生蟲。在各項檢查中彎彎繞繞尋找答案，最後才在咽喉分泌物抹片中發現了大量的毛滴蟲。

　　原來，造成鳥兒搔癢狂抓、甚至抓到掉毛的原因，是<u>隱藏在皮膚後面的寄生蟲感染</u>。大量的毛滴蟲聚集在咽喉處，造成搔癢、咽喉腫痛、喉頭分泌物增加，而鳥兒只能藉由搔抓試圖來減緩不適感。找到病因之後先幫鳥兒清潔皮膚上多餘的藥膏，並給予驅蟲藥及促進傷口癒合的外用藥（膚益合噴劑）進行治療。

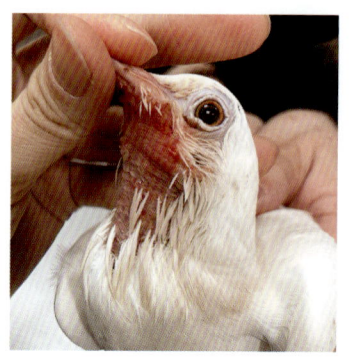

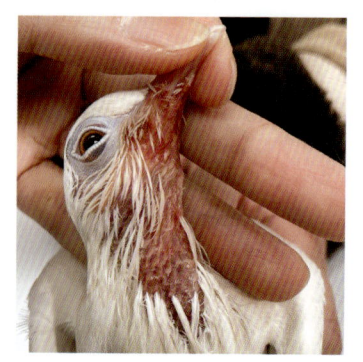

◆ 咽喉感染大量毛滴蟲的白斑鳩，導致鳥兒嚴重搔抓咽喉外側皮膚，外觀呈現紅腫、脫毛。

😊 毛滴蟲是什麼蟲蟲？

鳥兒的寄生蟲感染分為體外蟲感染和體內蟲感染。**體外蟲**顧名思義就是感染在體表的寄生蟲，例如羽蝨、蟎蟲、蚊蠅類，**體內蟲**則包含各種原蟲、蠕蟲、線蟲、圓蟲等。

鳥醫師推薦

膚益合噴劑（見27頁）是很常用的傷口外用噴劑，成分為天然乳鐵蛋白，鳥兒不小心吃到也沒關係！用途是幫助皮膚傷口消炎和促進傷口癒合，不含抗生素，但能藉由破壞細菌細胞壁及生物膜來對抗細菌感染，並與病毒細胞膜結合達到抑制病毒感染的功效。

◆ 膚益合噴劑和口樂凝膠成分相同，都能使用在傷口上。
◆ 圖片提供：寵特寶官網

毛滴蟲是一種原蟲，有鞭毛可以游動的單細胞生物，需要在液體中生活、繁殖和傳播。鳥兒經由**直接接觸、食入受汙染的飲水或食物**（如被毛滴蟲感染的獵物或親鳥吐料）而被感染。毛滴蟲進入鳥兒的口咽或胃腸道後定居並不斷繁衍，越來越多的蟲量會讓鳥兒感到不舒服，並出現各種臨床症狀：

1. 呼吸道症狀：鼻竇炎、流鼻水、呼吸有聲音、呼吸困難
2. 口腔黏液變多
3. 口咽、上消化道或呼吸道皺褶出現像乳酪的壞死團塊
4. 面部腫脹
5. 胃腸道症狀：厭食、消化速度變慢、消瘦、作嘔、下痢
6. 肝膽問題

　　對於大面積的皮膚傷口，可以使用膚益合噴劑的噴頭直接噴灑於皮膚上。在傷口較小或周圍有羽毛圍繞的情況下，可以改用乾淨的棉花棒在膚益合噴劑中浸濕之後，以「沾」或「滾動」的方式使其附著在傷口上（鳥的皮膚很薄，切勿以棉花棒「塗抹」傷口，容易因為拉扯造成二次傷害）。

　　另外，需要加強保濕的傷口，可使用同成分的「口樂凝膠」作為敷料。

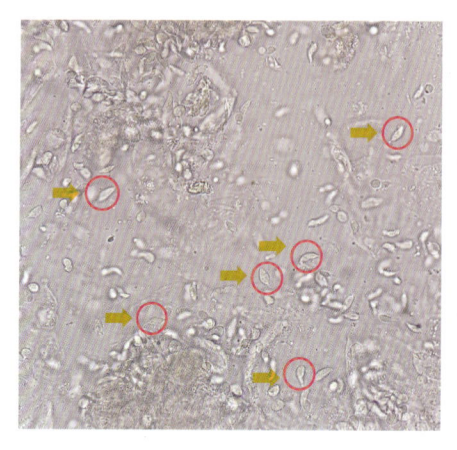

◆ 黃色箭頭處就是顯微鏡下的毛滴蟲。 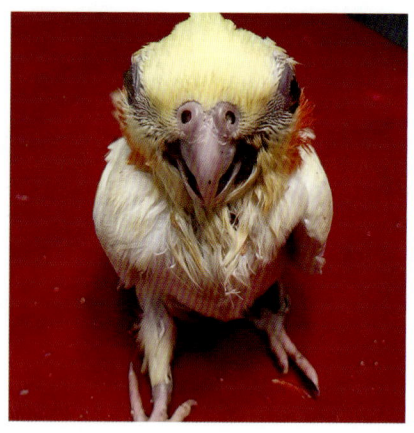　　◆ 玄鳳鸚鵡因為嚴重毛滴蟲感染導致口鼻有大量黏液、面部腫脹。

治療方式

　　感染毛滴蟲的治療方式為口服驅蟲藥，治療期間需要特別注意鳥兒的臨床症狀是否有改善，尤其進食量是否足夠，避免鳥兒因為喉頭不適而拒食。毛滴蟲感染症很少直接造成鳥兒死亡，發生死亡的原因常是因拒食或下痢所導致的營養不良。

預防勝於治療

　　有些飼主會問：「鳥兒需要定期驅蟲嗎？」我的建議是健康檢查發現有寄生蟲時再驅蟲即可。但專門從事鳥兒救傷、中途照護、繁殖，以及訓練野外放飛等高風險族群，則可考慮定期投藥驅蟲。

第5章

兩頰髒髒還有結塊分泌物
耳炎

PART 1 常見的鳥兒疾病

🐾 鳥類臉頰上的洞

門診的時候曾遇過鳥爸媽驚恐地跟我說：「我家小鳥的臉破洞了！」也有鳥爸媽直接問我：「鳥有耳朵嗎？」答案是肯定的，鳥當然有耳朵，位置約在眼睛後下方45°角的地方。

鳥兒的耳朵負責聽覺及平衡。聽覺對鳥兒來說非常重要，不只是能不能聽到聲音這麼簡單，還攸關生存問題。繁殖求偶的鳴叫聲、遇到危險的示警聲，以及有些物種可以藉由聲音定位捕食……，這些都是生存必需的能力。另外，隨季節遷徙的候鳥耳朵能感知到外在氣壓變化，讓鳥兒在長距離飛行時能夠維持穩定高度。

◆ 和尚鸚鵡健康的耳孔外觀：乾淨、無分泌物，耳孔皮膚沒有紅腫，覆蓋在耳孔上的羽毛展開且無髒汙。

人類或哺乳動物的外耳殼（耳廓）有收集聲音傳導到中耳的功能，鳥兒沒有這個構造，但在耳朵周圍有一小撮叫做「耳羽」的特別羽毛。耳羽沿著耳孔周圍皺摺生長、呈同心圓排列，有減少噪音、讓空氣平順流過以保護聽力的作用。鳥兒聽見聲音的路徑跟我們一樣，聲音經由外耳的外耳道傳送到鼓膜，鼓膜以震動方式將聲波傳給中耳內的骨小柱，最後再進入內耳的前庭窗。內耳結構跟人類相似，鳥類也有聽覺器官「耳蝸」及管理優異平衡感的「半規管」。

🐦 耳朵相關的病症

　　跟其他器官比起來，耳朵感染相對少見。通常可能會發生的問題有三大類，分別為微生物感染（細菌或真菌）、外傷及體外寄生蟲感染（如蟎蟲及壁蝨）。有時鳥兒眼睛的眶下竇受到感染，也會造成耳道發炎。

　　怎麼觀察耳朵是否健康呢？最重要的就是「乾淨」。健康的耳朵外觀是耳孔明顯、乾淨、無異味的，從耳孔看進去，偶爾會有些片狀的皮屑落在外耳道內，耳孔周圍皮膚完整且顏色正常，耳羽柔順地覆蓋在其表面。

大山雀
great tit

感染或受傷的耳朵都有可能出現 分泌物 或者 出血，這些濕濕的東西沾到耳羽之後，羽毛會變成一束一束或一搓一搓的，甚至形成整片塊狀物覆蓋在耳孔上。撥開這些濕濕髒髒的羽毛，會見到耳孔周圍皮膚紅腫，有可能因此讓耳孔變得狹窄或封閉。這些不適感會讓鳥兒出現 搔抓耳朵、甩頭、頻頻張嘴打哈欠 的動作，嚴重甚至影響平衡感，鳥兒會持續有歪頭的動作或者走路偏斜、從棲木墜落等狀況。

◆ 耳朵發炎的和尚鸚鵡，，耳孔周圍羽毛黏附分泌物而變成一束一束的。

◆ 因為耳朵發炎，愛情鳥的耳洞開口變得狹窄。

當發現鳥兒的耳朵出現問題時，獸醫師會藉由耳鏡或細胞學抹片的檢查方式確認感染源，清潔耳朵周圍的髒汙後給予適當的藥物治療。在此要特別提醒鳥兒家長們，千萬不要拿棉花棒戳鳥兒的耳孔唷！對鳥兒來說，過大的力道可能仍會讓柔軟的棉花棒戳傷鳥兒的耳朵，或者把更多髒東西往耳道內推擠。

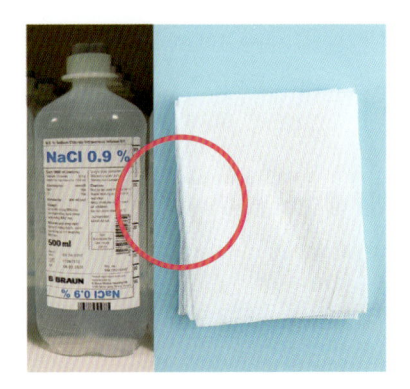

◆ 圖片版權：Jasni / Shutterstock.com

　　清潔耳朵發炎的分泌物時，建議**用生理食鹽水沾濕紗布**後，清潔耳孔表面或耳羽上的髒汙即可，若要清潔到外耳道內部，需要與獸醫師討論每隻鳥兒適合的方式。

預防勝於治療

　　可能會有人想問，健康的鳥兒需要定期清潔耳道嗎？我認為是不需要的。健康的耳朵乾淨且乾燥無分泌物，不需要額外清潔。再者，無論是像狗貓一樣使用清耳液或者棉花棒清潔，對鳥兒小小的耳孔和耳道都會是很大的負擔，清潔過程也會讓鳥兒感到緊迫。因此對於健康鳥兒的耳朵，只要做到**留心觀察**就好。

第 6 章

氣球鳥寶
皮下氣腫

🐦 鳥的呼吸器官跟人大不同

鳥類的呼吸系統包括<u>鼻腔</u>、<u>喉部</u>、<u>氣管</u>、<u>支氣管</u>、<u>氣囊及肺臟</u>。

鳥類的氣管是由一圈一圈完整的環狀軟骨組成（人的氣管則是有缺口的 C 型軟骨），外觀長得像洗衣機的排水管，由氣管向下延伸再分支成支氣管。

鳥的氣囊是一個包著空氣的薄膜構造（人類則沒有氣囊），依位置分為<u>頸部</u>、<u>鎖骨</u>、<u>前胸</u>、<u>後胸及腹部氣囊</u>。氣囊在呼吸系統中的功能類似風箱，負責引導氣流單向並且持續流動，讓鳥類的呼吸效率更高。反過來說，如果氣囊破裂或受到壓迫而無法正常工作，則會影響鳥的呼吸狀態。除了引導空氣流向，氣囊還可以調節體溫、增加浮力、甚至有類似汽車安全氣囊的緩衝作用。

鳥類的肺臟沒有什麼彈性，不像人的肺臟會隨著呼吸擴張或縮小。也因為沒有擴張、縮小的活動，鳥類肺臟比人類多了更多的氣體交換空間。

呼吸系統

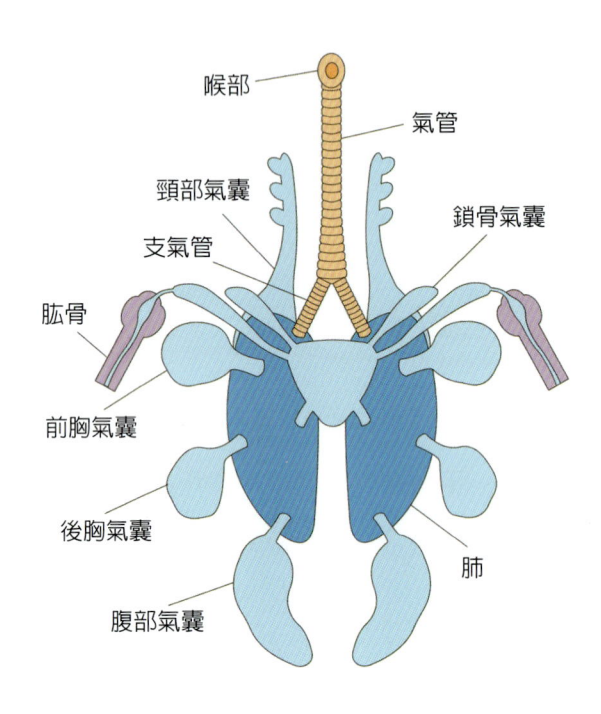

喉部
氣管
頸部氣囊
鎖骨氣囊
支氣管
肱骨
前胸氣囊
後胸氣囊
肺
腹部氣囊

◆ 鳥類呼吸器官示意圖

鳥怎麼呼吸？

　　鳥類呼吸需要透過胸骨及肋骨上下運動來完成，總共需要「兩次」的吸氣、吐氣才能完成「一次」完整的呼吸。第一次吸氣時，空氣進入鼻腔，經過喉部沿著氣管及支氣管、向下進入氣囊，吐氣時氣囊內的空氣則會進入肺臟；第二次吸氣時，肺臟空氣進入到氣囊中，待吐氣時再沿著氣管排出。

第 6 章 氣球鳥寶：皮下氣腫

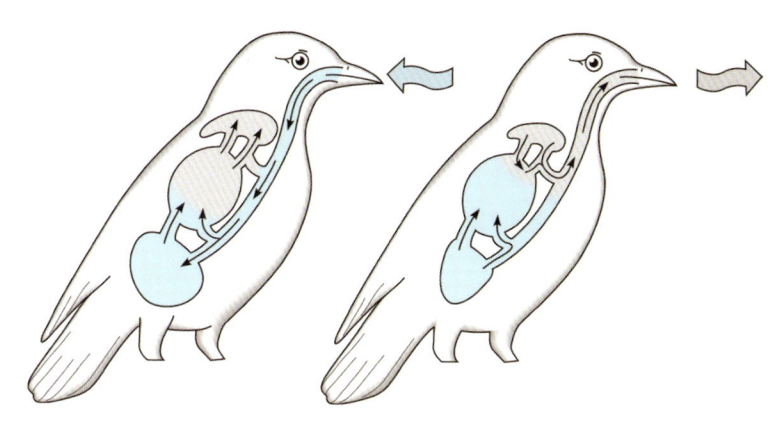

◆ 鳥類經過兩次的吸氣、吐氣，才能完成一次呼吸。

😊 皮下氣腫的氣球鳥

　　門診時常見到平常隱藏在體內的氣囊因為 撞擊而破裂，氣囊內的空氣漏出，跑到皮膚下面形成像泡泡紙般的皮下氣腫。輕輕擠壓氣腫的地方，可以看到空氣在皮膚下面移動。另外一個造成皮下氣腫的原因是 肱骨骨折。鳥兒體內的氣囊會延伸進入肱骨，特化的氣骨結構可減輕體重以利飛行，但是當肱骨骨折時，骨頭內的空氣就可能會逸出而發生皮下氣腫。

　　皮下氣腫的 外觀看起來差異頗大，因為皮下的氣泡可大可小，有可能是零星幾個小小的空氣泡，也有可能形成一大顆氣球。

◆ 胸肌左側皮膚發生皮下氣腫的鴿子，無法透過皮膚直接看到暗紅色的胸肌，皮膚下的空氣可以移動。胸肌右側則為正常外觀。

PART 1 常見的鳥兒疾病

37

皮下氣腫的位置也<mark>可能發生在各個部位</mark>，最常出現在胸肌上方，但是也有遇過發生在頭頸部，讓鳥兒的頭足足變成兩倍大的皮下氣腫。

◆ 左側胸肌皮膚發生皮下氣腫的白頭翁，皮膚下出現可移動的空氣泡泡。

◆ 頸部皮膚及頭皮下方發生皮下氣腫的鴿子。

🎈 氣球鳥會有生命危險嗎？

想像一下，輕微的氣囊破裂可能只是出現一個會漏風的小洞，如果鳥兒呼吸順暢，精神、活動力及食慾都正常，就算不處理也會<mark>自行癒合</mark>。但如果氣囊破了個大洞，鳥兒吸入的空氣會大量地從這個破洞漏出，導致呼吸困難，即可能直接或間接危及生命。氣囊破洞區沒辦法靠攏癒合，必須<mark>就醫治療</mark>。

第 7 章

礦坑中的金絲雀
氣體中毒

還記得第 6 章提到過的鳥類呼吸系統嗎？特殊的氣囊和肺臟結構大大提高了鳥兒的呼吸效率，讓鳥兒可以負荷飛行這項高耗氧運動，但從另一個角度來說，鳥兒對毒氣、廢氣和空氣中的懸浮微粒也都更為敏感。

中世紀歐洲大量開採煤礦，採煤挖礦是很危險的工作，許多礦災都是由沼氣所引起的，包含窒息、中毒和沼氣爆炸。當時的人們發現金絲雀對沼氣很敏感，如果礦坑中飼養的金絲雀變得躁動不安、大叫或甚至死亡，表示環境中的沼氣濃度太高，礦工們必須緊急逃離礦坑，直到礦坑內的空氣再次恢復流通。

如今時間已過去了數百年，進入人類家中被飼養的鳥兒已不像當時被當成工具，但在人為飼養的環境中，還是要特別注意氣體對鳥兒所造成的危害。

😊 鳥兒氣體中毒的原因

鳥兒氣體中毒的原因包含吸入刺激物和有毒物質，以下分別說明。

二手菸

香菸是最常見的室內空氣有害汙染物，菸品的警告標語出現在各個公共場所、菸盒，某些國家甚至會將標語印在每根香菸上。這些標語隨時隨地提醒大家吸菸會傷害身體，但其實不只是危害吸菸者的健康，吸入二手菸所帶來的問題並不亞於直接吸菸。

香菸燃燒後會釋放出 7000 種以上的化學物質，引起人類呼吸道、大腦、神經、肝臟、心血管、癌症等病變，在鳥類則是已經被證實香菸內的尼古丁會刺激呼吸道而導致咳嗽、喘、鼻炎、結膜炎等症狀。特別需要注意的是，當二手菸的煙霧冷卻落下後，會黏附在家具、物品、飼主的衣服表面或鳥兒的羽毛上，甚至溶解於鳥兒的飲用水中，如果鳥兒直接接觸或攀爬、啃咬時吃到這些化學物質，都有可能引起皮膚炎及啃咬羽毛的問題。

除此之外，如果鳥兒啃食菸蒂，誤食菸草中高劑量的尼古丁，會造成急性中毒，出現嘔吐、口吐白沫、咳喘、呼吸困難、精神沉鬱及猝死等症狀。吸菸者應盡量避免鳥兒共處一室吸菸，並於吸完菸後更換衣服及清潔雙手再接觸鳥兒。

總而言之，菸品對人類和鳥兒的健康都有負面影響，在此還是呼籲吸菸者都能戒菸，以保護自己及減少二手菸對鳥兒造成的傷害。

漂白水

漂白水的成分為次氯酸鈉，擁有強大的殺滅病菌、黴菌及抗病毒功能，一直以來被常態使用於清潔衣物及消毒環境。漂白水除了味道刺鼻，有時也會令人感到喉嚨及眼睛不適，這是因為漂白水中的氯氣揮發刺激到眼睛和呼吸道黏膜所致。不論是人或鳥兒，吸入大量氯氣會造成化學性肺炎、肺水腫、呼吸衰竭等症狀，甚至因為窒息而死亡。

為避免氯氣傷害，使用漂白水時需先將鳥兒安置於其他空氣流通的空間，再用稀釋過的漂白水清潔消毒環境。消毒後要用清水再次擦拭消毒過的物品或地面，等空氣中刺鼻味道消失後再將鳥兒移入。

鐵氟龍

鐵氟龍有個很難記的化學名稱——聚四氟乙烯，具有耐冷、耐熱、耐酸、耐鹼的特性，此外還能抗水、抗油脂，在日常用品中廣泛被應用，舉凡冷氣機、洗衣機、烘乾機，或者廚房的咖啡機、果汁機、電鍋內鍋、不沾鍋等等都有鐵氟龍成分。但為什麼不沾鍋上的鐵氟龍最常被人們拿出來說有可能會產生毒氣呢？因為不沾鍋的使用方式為「加熱」，當異常加熱時鐵氟龍就有機會釋出有毒氣體。

一般烹飪時油脂燒焦、冒煙的溫度約在 200℃、肉類燒焦約在 200℃～230℃ 左右，所以正常烹煮食物是會低於鐵氟龍耐熱溫度 260℃ 的，但如果過度加熱讓溫度超過 360℃ 時，不沾鍋上的鐵氟龍就會釋出有毒氣體，主要會造成鳥兒肺臟水腫、壞死和出血。

通常病程很快，不一定來得及見到呼吸困難、鳴喘、共濟失調❷及肢端抽蓄等症狀，就直接發現鳥兒死亡。即使發現得早，立即提供氧氣及給予相關支持治療，仍是預後不良的狀況為多。

為了避免燒出鐵氟龍毒氣發生中毒狀況，開伙煮飯時需先將鳥兒移置通風處，並注意不要空燒不沾鍋，使用時需搭配木質或矽膠鍋鏟以免刮傷表面塗層，並定時更換鍋具。

氨氣

如果飼養環境衛生不佳，尿液中的氨氣大量累積並混雜於空氣中，就會刺激鳥兒的眼睛及呼吸道。外觀可能會看到眼周紅腫、眼分泌物增加、呼吸雜音、叫聲改變等等情況，也會見到鳥兒精神變差、食慾下降等非特異性臨床症狀。

其他

空氣中的有毒物或刺激物也常見來自於拜拜燒香、薰香蠟燭及精油擴香、空氣芳香劑、油漆、殺蟲劑、髮品（染燙劑／髮膠）、塑膠食品容器過度加熱等等，大樓中央空調可能傳送來自其他空間的不良氣體，甚至室外的社區消毒也有可能影響位於低樓層的鳥兒，造成呼吸道損傷，不可不慎。

註 ❷　因神經損傷所引發的肢體不協調，病鳥會無法自由控制頭部、身體及四肢的活動。

😨 鳥類氣體中毒怎麼辦？

第一步是讓鳥兒<u>遠離有毒環境</u>，並<u>盡速就醫</u>處理。獸醫師會先確認鳥的狀況，包括：是否有發生癲癇？是否會呼吸急促或呼吸困難？有沒有出現休克或出血？再決定進行何種治療。

氣體中毒的治療包含<u>氧氣治療</u>及<u>支持治療</u>，目的是維持鳥兒營養及水合狀態❸，必要時也會給予<u>噴霧治療</u>或<u>口服藥物治療</u>。氣體中毒所造成的許多傷害會成為<u>永久性</u>問題，最常見的是出現「運動不耐❹」的後遺症。

◆ 正在進行噴霧治療的和尚鸚鵡。

註 ❸ 指身體獲取水分的能力。當水合狀態不好時，動物會呈現脫水。
註 ❹ 身體能負擔的運動能力下降，無法達到正常個體的活動能力。

第 8 章

才餵了奶又見到奶
嗉囊燙傷

🔸 鳥到底有幾個胃？

有一個說法是鳥有嗉囊、腺胃及肌胃三個胃，但嚴格來說，**嗉囊其實是食道的膨大區域**，因此鳥只有兩個胃。

嗉囊

食物經過口腔之後，經過食道到達嗉囊。這裡是**暫時儲存食物的地方**，本身並不分泌消化液或消化酵素，但會藉由食道運動讓胃液和唾液進入嗉囊中與食物混合，以利之後進入胃部的消化程序。

嗉囊位於**脖子與鎖骨之間**的空間，隔著薄薄的皮膚及嗉囊壁，可以輕易**用手觸摸**到嗉囊內容物。以穀物、魚及肉類為主食的**食穀性、食魚性、食肉性鳥類**，會在短時間內吃進大量的食物，因此有比較發達的嗉囊空間，至於**食蟲性鳥類**就沒有明顯的嗉囊結構。

腺胃

腺胃又被稱為「**前胃**」，類似哺乳類的胃，會分泌胃酸及消化酵素進行化學性消化。腺胃為長型梭狀器官，位於體腔左背側，前方連接食道、向後連接肌胃。

肌胃

　　肌胃又稱為「砂囊」，我常開玩笑說大家其實更熟知肌胃的別稱——「雞胗」。**食穀性鳥類**的肌胃有很厚的肌肉層，胃黏膜表面還覆蓋一層硬蛋白，配合著肌胃裡的砂礫以物理性磨碎食物的方式進行消化。相較之下，食魚性及食肉性鳥類的肌胃就薄得多了。

腸

　　與哺乳類相比，鳥兒的腸道通常相對較短。鳥兒會在較短的腸道中進行高效率的消化吸收，並快速排出糞便，以減輕飛行時的體重負擔。而快速通過腸道的糞便也會呈現比較濕軟的狀態。

◆ 鳥的消化器官示意圖

不同食性鳥兒的消化器官

	食穀性	食果性	食蟲性	食魚性、食肉性
嘴喙	・短、大 ・楔形	細長	尖、小	・猛禽：彎曲、尖 ・水禽：寬、扁
嗉囊	大且有黏液	發育不完全		
腺胃			發達	發達
肌胃	發達	不明顯	不明顯	不明顯
腸	・較長 ・通常有明顯的盲腸	・短 ・盲腸發育不完全	・短 ・盲腸退化	・短 ・盲腸發育不完全

嗉囊燙傷病程

嗉囊是暫存食物的空腔，除了幼鳥之外，病弱鳥及老鳥也都很常發生嗉囊燙傷的狀況，最主要的發生原因是人工餵食流質食物或營養補充品，如果餵食的溫度過高或加熱後混合不均勻，就可能會導致嗉囊燙傷。

鳥兒會本能地抗拒吞嚥溫度過低的食物，溫暖的食物則會促進鳥兒的進食反應。不同種類及不同品牌的流質食物或營養補充品，所需的調製溫度不同，加熱調製後需降溫以避免鳥兒燙傷。

使用微波爐加熱時要特別小心，因為微波爐藉由電波震動食物中的水分來達到加熱的目的，當食物內的水分分布不均，或在容器中的位置不同（靠近容器邊緣的食物比位於容器中央的食物能獲得更多的電波），都會產生加熱不均勻的狀況，溫度較高的地方會形成「熱點」，可能造成鳥類被餵食後的燙傷。

第 8 章　才餵了奶又見到奶：嗉囊燙傷

　　當鳥兒發生嗉囊燙傷後，會開始**厭食、返流或發現嗉囊排空速度變慢**，燙傷區域的皮膚外觀看起來濕濕的。通常在 4～7 天之後，嗉囊壁及皮膚壞死並形成瘻管，有些飼主會在這時候注意到**剛餵進去的奶又從胸口流出來**，才進而發現是因為嗉囊燙傷而產生破洞。

PART 1　常見的鳥兒疾病

◆ 和尚鸚鵡的嗉囊破裂，外觀可見剛餵食的奶又從嗉囊流出來。

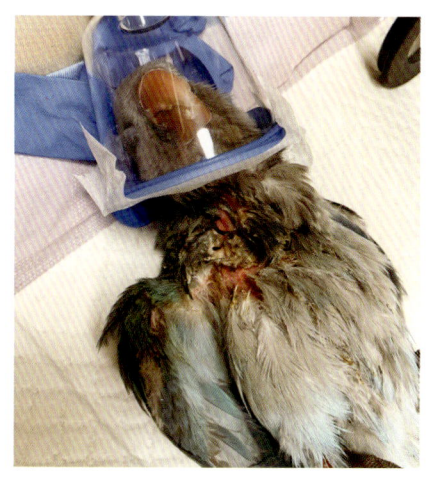

◆ 和尚鸚鵡的嗉囊破裂傷口。

◆ 灰鸚鵡的嗉囊破裂傷口。

◆ 灰鸚鵡的嗉囊清創縫合手術術後照。

47

🐦 嗉囊燙傷治療

　　燙傷初期的治療方式為支持治療——持續提供食物及確保身體水合狀態，避免發生營養不良和脫水，另外也需要給予藥物預防繼發的細菌或真菌感染。燙傷後期的嗉囊，壞死區域邊界明顯（通常此時嗉囊已有對外的破孔），這時才能做手術清創縫合。

　　有些鳥兒的燙傷範圍過大，在等待壞死區域成熟或在手術之後，嗉囊無法承載足夠食物，必須少量多餐餵食，甚至經由醫師評估後，以手術方式在脖子側邊的食道做一個開口放置食道胃管，以管餵方式直到嗉囊傷口癒合。

🐦 如何預防嗉囊燙傷

　　對於需要餵食（灌食）的鳥兒，通常會採用湯匙餵食、針筒對嘴巴直接餵食，或使用軟管或不銹鋼餵食管將食物灌到嗉囊裡。無論使用哪種方法，皆須注意調製後的食物溫度需降溫至 40°C左右。

　　想像一下，當我們在喝一杯熱飲時，如果直接以杯就口啜飲，通常比較能一口接一口地喝，但如果使用吸管喝熱飲可能就會直接燙到。同樣的道理，當我們用餵食管餵鳥的時候，餵食的溫度可以再更低一點。

　　有些人會在餵食前，用手測試看看溫度是否適宜，但這是具有危險性的測試方式，因為每個人的手溫，在不同時間點可能會有所差異，單憑「感覺」是不準確的，還可能因此誤判食物溫度而造成鳥兒受傷。

　　餵食鳥兒的食物最好是餵食前再調製，並應均勻攪拌，避免食物冷熱不均及出現熱點，在使用微波爐進行加熱時尤其需要注意。

第 9 章 生不出來的蛋 難產

🥚 蛋蛋是怎麼來的？

我在門診遇過不少飼主想知道自家鳥兒的性別，除了好奇之外，更多的是想為鳥兒做點準備——尤其是家有女寶（母鳥），很多飼主擔心後續可能發生的生蛋、難產（俗稱卡蛋）及慢性產蛋症候群（請參考第 10 章）等等狀況。

大多數母鳥只有單側（左側）的生殖器官，包含 **卵巢及輸卵管**。一顆蛋的形成過程如下：卵巢生成卵黃（蛋黃），接著卵黃會在輸卵管內進行一系列的「包裝」——在繖部及膨大部包裹蛋白，在狹部形成殼膜，移動至子宮時形成蛋殼。最後完成包裝的「完整的蛋」會快速通過陰道，再由泄殖腔口產出，一系列的過程約需耗費 **24～48 小時**。

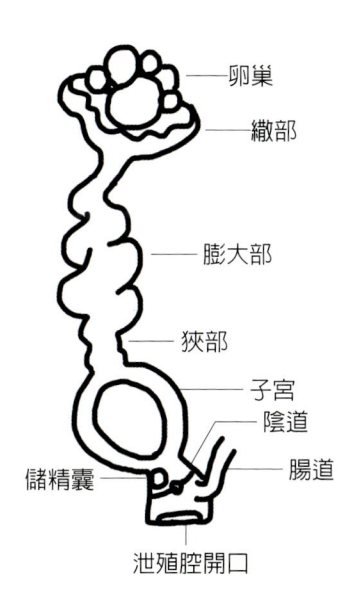

- 卵巢
- 繖部
- 膨大部
- 狹部
- 子宮
- 陰道
- 儲精囊
- 腸道
- 泄殖腔開口

🥚 醫生，我的蛋蛋卡住了！

　　蛋形成的時間僅需一天多，所以當鳥兒腹部凸出、可以觸摸到蛋型的時候，通常隔天就會生蛋。如果超過時間還沒有生出來，就要擔心鳥兒是否難產，包括產出時間過長或無法產出（卡蛋）兩種情況。

　　產出時間過長會增加各種併發症的風險，維持鳥兒體內的水合狀態並補充鈣，可以加快產蛋速度。無法產出的蛋可能會卡在子宮、陰道或輸卵管口括約肌。鳥兒體內沒有區分胸腔及腹腔空間的橫膈，當肚子裡面有蛋時，周圍的內臟會被往前或往旁邊擠壓（想像一下卡住的蛋像是一顆大籃球塞在肚子裡面），甚至對氣囊或肺臟等呼吸器官造成壓力。

　　氣囊空間被壓縮會使鳥兒呼吸不順、喘，因為用力呼吸而讓尾羽上下擺動。壓迫到腸胃的話則可能會影響食慾及排便狀況，過度用力排便或生蛋可能會造成肛門出血、糞便帶血或泄殖腔脫垂。難產的不適感還會讓鳥兒呈現嗜睡、無力（從站棍上墜落或長時間待在籠子底部）、羽毛蓬鬆及拉肚子等狀況。

　　發生難產的原因很多，最常發生在「第一次生蛋」或「本次產蛋期的第一顆蛋」，因為這種「第一顆蛋」會因為營養狀況良好而特別大顆。母鳥不容易施力生產的蛋，可能是形狀非卵圓形的畸形蛋，或是鈣不足的軟殼蛋。母鳥本身年紀太小或太老、身體健康狀況不佳（卵巢炎、輸卵管炎或生殖道有腫塊等）以及營養缺乏（缺鈣、蛋白質、維生素 A、維生素 E）都可能造成難產。通常小型品種的鳥兒也比較容易發生難產。

季節交替、天氣回暖是刺激鳥類發情生蛋的重要因素。入冬的時候，很多飼主開始使用環境加溫產品，像是保溫燈、暖氣、暖爐等，<mark>從冷到相對溫暖的環境溫度，會讓鳥兒誤以為進入適合繁殖的春季，刺激發情及產蛋</mark>，但若周遭環境溫度仍然偏冷，就可能會因為<mark>產道不易放鬆</mark>而發生難產。

😊 遇到難產，快做 X 光檢查！

除了常規的理學檢查，懷疑難產時一定要拍 X 光！<mark>藉由 X 光影像可以透視鳥體內的狀況</mark>，以下是需要一一檢視的重點：

1. 確認是否有蛋。有時候腹部膨大凸出是因為其他內臟腫脹、體內有腹水、疝氣或脂肪瘤等其他原因導致
2. 蛋的數量、位置及方向
3. 蛋的形狀及大小
4. 蛋殼是否完整或軟殼
5. 長骨是否骨化（骨頭為了產蛋而儲存更多的鈣，會使其 X 光影像密度變高）

獸醫師會依據這些影像，<mark>判斷如何取出難產的蛋</mark>，例如使用藥物讓產道放鬆之後把蛋推出，或者抽取蛋液、破壞蛋殼後取出。

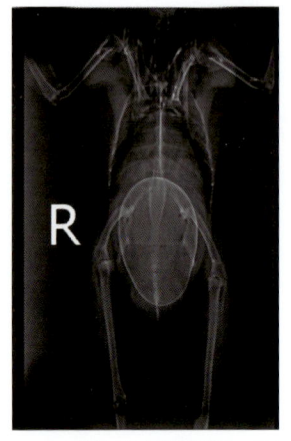

◆ 白頭翁X光腹背照，可以清楚看到體內有一顆過大的蛋。

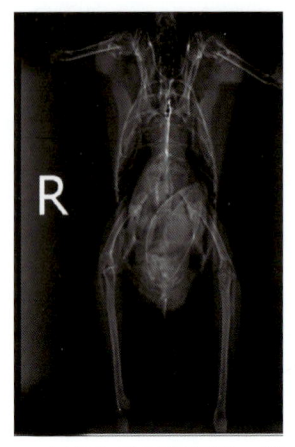

◆ 白頭翁X光腹背照，體內有一顆軟殼蛋。

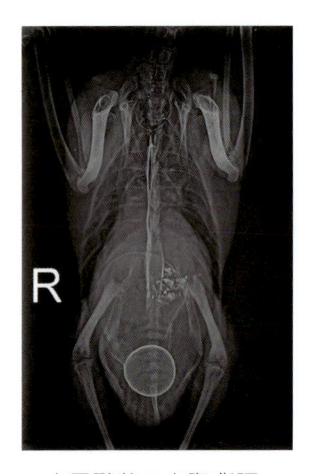

◆ 玄鳳鸚鵡X光腹背照，可以看到兩顆連在一起的非卵圓形畸形蛋。

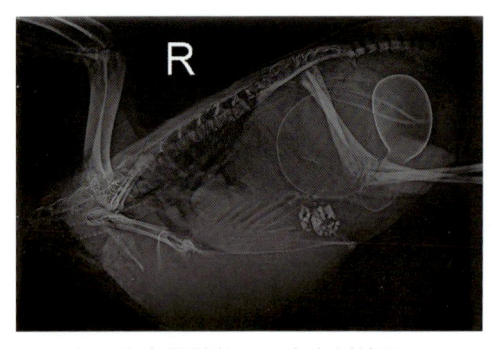

◆ 同上一隻玄鳳鸚鵡，X光右側躺照。

◆ 同上一隻玄鳳鸚鵡，用手術方式取出的畸形蛋。

第 9 章 生不出來的蛋：難產

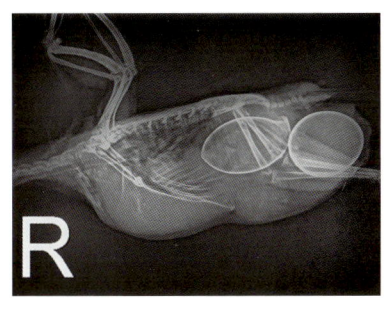

- 虎皮鸚鵡 X 光右側躺照，可以看到腹腔內有兩顆蛋，左側為破在體內的蛋、右側為正常形狀的蛋。

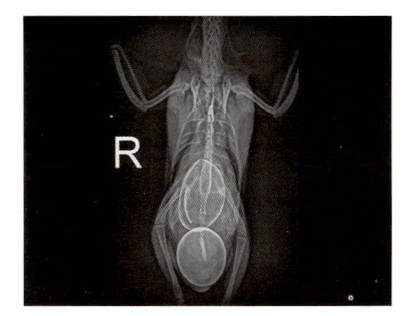

- 同上一隻虎皮鸚鵡的 X 光腹背照。

- 同上一隻虎皮鸚鵡，手術後取出的破蛋及正常蛋。

PART 1 常見的鳥兒疾病

難產併發症：泄殖腔脫垂

泄殖腔又叫共泄腔，是泌尿道、腸道（排泄）與生殖道（繁殖）匯集在一起的共同空間，所以泄殖腔口就是指肛門。

當母鳥難產，過度用力產蛋或用力不當的時候可能會發生泄殖腔脫垂。外觀可見明顯紅腫外翻的泄殖腔軟組織，泄殖腔黏膜發炎水腫再加上被肛門括約肌「束住」，會讓泄殖腔無法回到原來的位置，甚至因為血流不順引發組織壞死。而不適感則會引起鳥兒啄咬，更增加泄殖腔出現傷口、流血及感染的機會。

飼主如果在家發現這樣的情況，可以用**生理食鹽水濕潤棉棒後，輕柔地將泄殖腔推回**。若泄殖腔無法推回，或者推回之後又脫出，就需要盡快就醫處理了。因為母鳥產蛋而導致的泄殖腔脫垂❺，需要先以X光確認體內是否有殘留的蛋或蛋殼，麻醉清創並復位泄殖腔後，再以手術縫合後固定。

註 ❺ 其他引發泄殖腔脫垂的原因包括：泄殖腔相關疾病（發炎、腫瘤、病毒感染、結石）、嚴重腸炎或生殖道發炎，都有可能在排便的時候把泄殖腔「拉」出來唷！

第 9 章　生不出來的蛋：難產

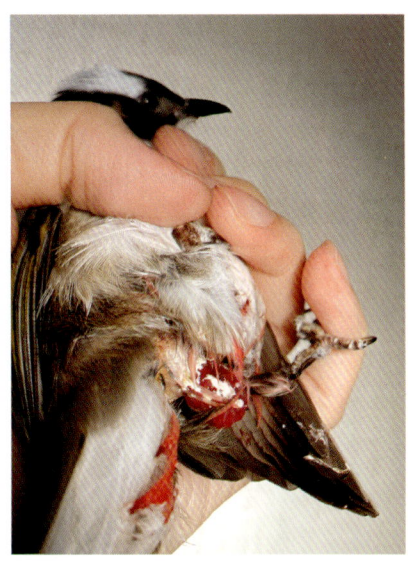

PART 1　常見的鳥兒疾病

◆ 白頭翁因長期產出軟殼蛋引發泄殖腔脫垂。外翻的泄殖腔黏膜紅腫、表面黏附糞便及血塊。

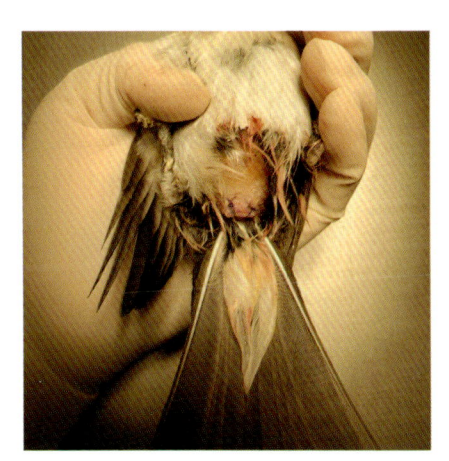

◆ 同上一隻白頭翁，藉由手術推回脫垂的泄殖腔復位並固定。

◆ 手術後泄殖腔已復位。

55

第 10 章

令人擔心的蛋蛋富翁
慢性產蛋症候群

🥚 一顆接一顆生個不停的蛋蛋

第 9 章我們提過在母鳥體內是如何產生蛋的，以及產蛋過程中所發生的「卡蛋」狀況，這一章聊聊那些順順利利一顆接一顆生個不停的蛋蛋們——「慢性產蛋症候群」。簡單來說，就是母鳥的 產蛋量超過該品種一個繁殖期的正常數量，或者短時間內再次開始新的產蛋週期。當過媽媽的人都知道，要孕育下一代，無論是在生理或心理方面都是很大的負擔，母鳥也是如此。過度產蛋會直接影響母鳥的營養狀況，包含體內的鈣及蛋白質含量。

大家常聽到製造「蛋殼」需要用到鈣之外，母鳥也需要高濃度的鈣來刺激子宮收縮，藉此幫助蛋的移動及產出。所以當母鳥體內的鈣含量不足時，可能會發生軟殼蛋、畸形蛋、生殖道發炎、延長產出時間或者難產，另外也有可能發生低血鈣性抽蓄，甚至死亡。

慢性產蛋症候群好發於虎皮鸚鵡、愛情鳥及玄鳳鸚鵡等小型鸚鵡品種或燕雀科鳥類，牠們都是屬於多產的鳥種。這時候就有人會想舉手發問了：「那產蛋母雞算是慢性產蛋症候群嗎？」確實，蛋雞是持續生產超過正常繁殖期的蛋量，但是卻不會發生相關疾病，是因為育種選拔及特殊營養支援的結果。

而寵物鳥就不一樣了，發生慢性產蛋症候群的鳥兒們並沒有藉由育種挑選出特別多產的基因，會持續不停生蛋通常是人為飼養的條件上出了問題。在伴侶方面，鳥兒的發情對象可能是一隻鳥、一個人，甚至是沒有生命的物品，我曾遇過鍾愛剪刀、鏡子、吹風機、電視遙控器……等等奇形怪狀東西的鳥兒們。

人為飼養環境的光照時間也是個常見的問題。為了配合人類生活習慣，白天環境可能有日光照射、夜晚還有室內光源，導致鳥兒的光照時間過長或者日夜顛倒，都會刺激發情行為。其他必要因素則包括溫暖的環境、適合的濕度及充足的食物。

如何避免發情及慢性產蛋症候群

鳥要發情需要天時、地利、人和，如果想避免發情或者發生慢性產蛋症候群，就要從各方面下手干擾。

天時是指氣溫、濕度及光照，相較於一年四季恆溫舒適，適當地讓鳥兒經歷較熱的夏天、涼爽的秋天以及較寒冷的冬天，對於緩和鳥兒發情及換羽情況都會有幫助。對於那些原生地在較高緯度的鳥來說，四季變化還包含了光照時間的長短，通常較溫暖適合繁衍的季節、光照時間也比較長，所以當我們縮短光照時間（可嘗試每天光照時間控制在 8～10 小時）會暗示鳥兒現在並不適合繁殖，進而達到減少發情及產蛋的目標。

地利是指環境，包括巢和籠子內外的環境。很多飼主都會為鳥兒準備一個類似巢的籠內擺設，常見的有市售的鳥巢、布窩、布吊床、木製巢箱等等，目的通常是為了給予安全感或者作為睡覺的休息場所，

但就是這樣安穩的 安全感，反而會成為 誘發鳥兒發情產蛋 的因素之一。除了這些「巢」之外，能夠輕易取得的 築巢材料，例如紙張、家中其他動物的毛髮，甚至是人類的頭髮，也會讓鳥兒能在自己喜歡的地方做出新的、安穩的巢。因此在環境部分，干擾發情方式就是拿掉或破壞鳥兒的巢，停止供應巢材，變更籠內擺設（例如調整擺設位置或放置新的玩具等），以及變動籠外空間景觀（例如把整個籠子移動到家中不同的位置）。因為鳥兒會認為 不穩定的環境，不適合養育下一代，自然就不會發情產蛋。

　　人和是指 伴侶，如前所述，所謂的伴侶可能是另一隻鳥、一個人或者一件物品。當伴侶是另一隻鳥時，不一定要在同一籠才會有影響，有時候分籠飼養的狀況下，甚至只是 聽得到對方叫聲 就會刺激發情產蛋。有些鳥兒會將飼主視為伴侶，當飼主 觸摸鳥兒背部、腋下或屁股周圍 時，對鳥來說都是一種性刺激，需要特別注意避免。如果鳥兒撒嬌討摸時只搔抓其頭部，當這種默契建立起來，可以進一步在鳥兒飛

第 10 章　令人擔心的蛋蛋富翁：慢性產蛋症候群

◆ 正常情況下，鳥兒每次產蛋到一定的數量即會停止。不同品種的鳥兒，每窩蛋的數量有所不同。

行及其他非發情的活動之後，以搔抓頭部作為鼓勵。總之，移除或盡量減少「伴侶」的接觸，會是緩和發情及產蛋的方法之一。

當鳥兒發生慢性產蛋症候群時，除了利用上述的各種方式進行干擾之外，還要針對食物做修正：增加富含鈣的食物，並減少食物中高熱量及高脂肪的比例，另外也可以給予商品化顆粒飼料（滋養丸）來平衡營養狀況。

如果做了各項干擾，鳥兒仍持續發情產蛋，就需要請獸醫師評估狀況及解決方式。對於嚴重慢性產蛋的鳥兒，可能會使用藥物干擾其賀爾蒙，甚至使用外科絕育方式達到終止產蛋的目的。

第 11 章

屁股上長了一顆大痘痘
尾脂腺疾病

🐦 鳥味跟屁屁上那一粒大有關係

世界上的氣味百百種，各有所好，但養鳥人最愛的一定包含所謂的「雞香味」，或者重口味的人會愛上鳥兒洗澡後的「鳥臭味」。不論是雞香味或鳥臭味，屁股上由尾脂腺所分泌的蠟狀油脂，都做出了不少貢獻。

尾脂腺是鳥兒皮膚上的三種腺體之一（另外兩個分別為氣味腺及泄殖腔口腺），在尾羽根部、臀部背側的位置。許多鳥兒的尾脂腺外觀像是一顆愛心形狀的青春痘，上方有一個凸起的乳突開口，開口處會有一小撮直立的羽毛。

鳥兒在整理羽毛的時候，嘴喙會沾著尾脂腺的油脂塗到羽毛上，當陽光中的紫外線照射到這些油脂上時，便會產生各種「體味」。被上過油的羽毛具有防水（間接影響體溫維持）、保持羽色光亮及抗菌的功能。不說不知道，這些「體味」和亮麗羽毛都散發著吸引異性關注的「鳥魅力」。

◆ 文鳥的尾脂腺外觀。

不同種鳥兒的尾脂腺等級不盡相同：需要高等級防水羽毛的水禽類尾脂腺很發達，夜鷹及鴿子的尾脂腺較小，部分鸚鵡（如亞馬遜及紫藍金剛）及鴕鳥則沒有尾脂腺。

◆ 八哥的尾脂腺外觀。　　◆ 和尚鸚鵡的尾脂腺外觀。

變形的尾脂腺

尾脂腺最常見的問題是因為缺乏維生素A引發的腺體阻塞，無法順利排出的油脂容易引起繼發細菌性感染。正常的尾脂腺不只外觀像青春痘，排出的方式也像擠痘痘一樣，輕輕施加壓力便可以讓其中的油脂從開口擠出。

當尾脂腺發生感染、膿瘍或慢性皮膚炎時，外觀會呈現不對稱腫大、充血，鳥兒可能會執著地啃咬尾脂腺或其周圍皮膚羽毛，造成額外創傷。此時獸醫師會以擠壓的方式測試開口是否通暢，並給予相應的藥品治療。

除了發炎感染，尾脂腺也是可能發生腫瘤的位置，腫瘤種類包含鱗狀上皮細胞癌、腺瘤及乳突瘤，治療方式通常需要手術切除。有文獻追蹤尾脂腺切除的鳥兒，約四週後羽毛顏色暗淡無光澤，羽毛變得不防水且不容易乾，體溫散失較快，並發生體重變輕的狀況。

◆ 綠繡眼因為啄咬發炎不適的尾脂腺，造成尾脂腺出口壞死。

◆ 尾脂腺阻塞、腫大的虎皮鸚鵡。

第12章

不完整的羽絨衣
羽毛生長異常

　　鳥類身上覆蓋著大量羽毛，羽毛有多種功能，除了大家所熟知的飛行、保護皮膚及調節體溫之外，還包括防水、求偶。羽毛的成分主要是名為「**角蛋白**」的蛋白質，和人類頭髮及指甲的組成成分相同。

😊 羽毛的種類與結構

　　鳥兒的羽毛根據外觀可以分為三種：正羽、半羽和絨羽。**正羽**是覆蓋在鳥兒體表最外層的羽毛，具有完整的羽毛結構。**半羽**則位於正羽與絨羽之間，具有一定的保護和保暖作用。而**絨羽**是最內層的羽毛，羽軸短小或無，羽小枝之間沒有互相勾連，因此外觀顯得蓬鬆。

　　羽毛的結構包括羽軸、羽軸根、羽枝和羽小枝。如果把羽毛形容成一棵樹，**羽軸**就像是樹幹，是羽毛的主幹；皮膚毛囊中的部分則

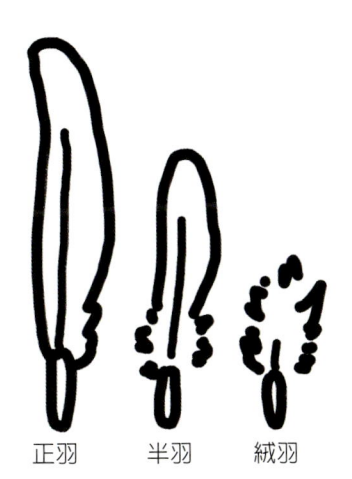

正羽　　半羽　　絨羽

像樹根，稱為羽軸根。羽枝如同樹枝，從羽軸向外延伸，羽枝上的羽小枝彼此勾連形成一個面，這個面就是羽毛的羽片（羽瓣）。

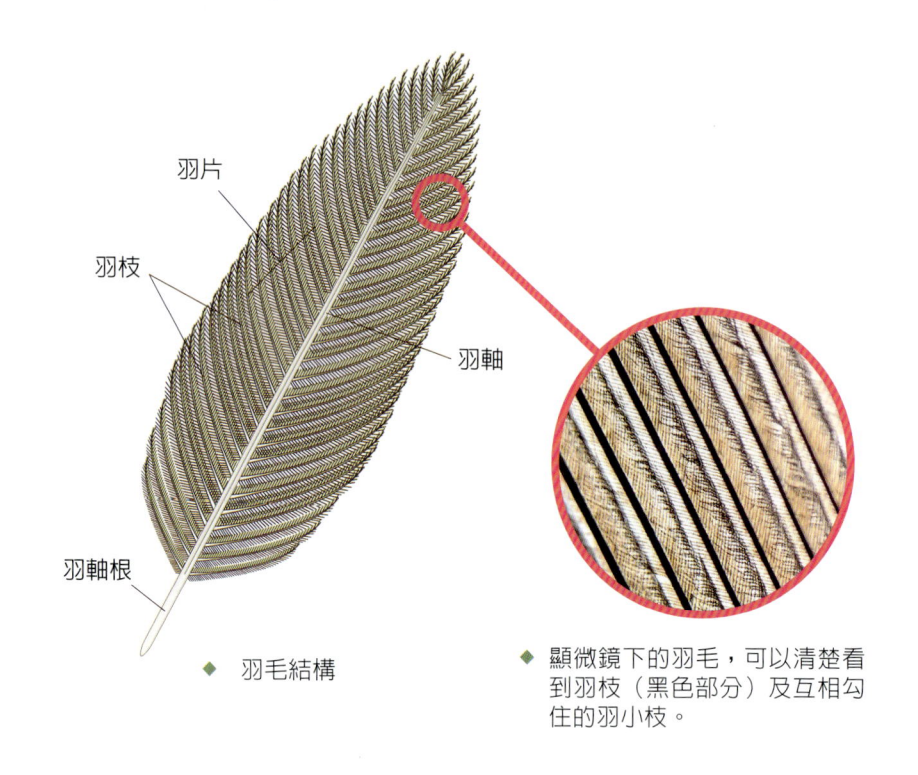

羽片
羽枝
羽軸
羽軸根

◆ 羽毛結構

◆ 顯微鏡下的羽毛，可以清楚看到羽枝（黑色部分）及互相勾住的羽小枝。

羽毛生長過程

　　毛囊中的血液提供羽毛生長所需要的養分。 羽毛剛長出來時稱為「針羽」或「新羽」，針羽外側為羽鞘，內含血液，外觀看起來尖尖的，像一根紅紅的針。隨著羽毛繼續生長、延長，羽鞘內會形成羽軸，並在羽軸末端長成羽瓣。羽瓣成熟後，羽鞘逐步分解、剝落使羽瓣展開，當羽軸根形成之後，就成為我們所熟知的羽毛外觀。

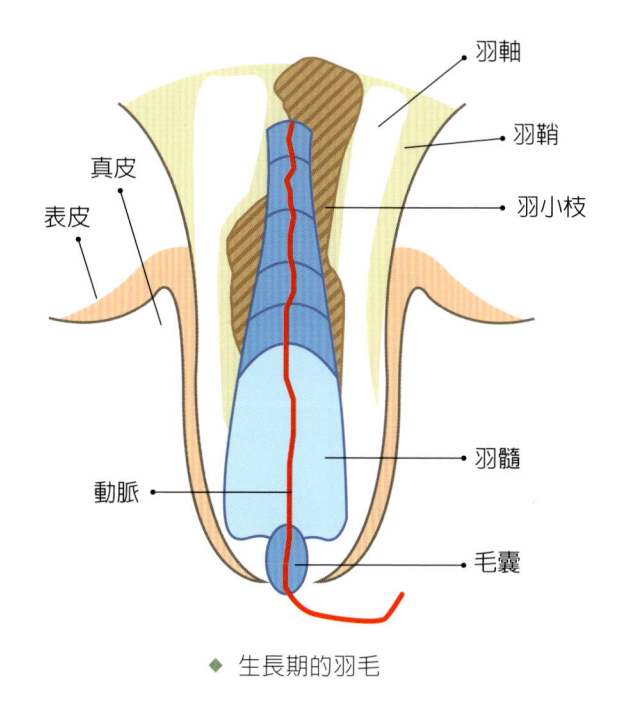

第 12 章　不完整的羽絨衣：羽毛生長異常

羽軸
羽鞘
真皮
表皮
羽小枝
動脈
羽髓
毛囊

◆ 生長期的羽毛

🐦 鳥兒的換羽條件

環境的溫度、濕度及光照時間和鳥兒本身身體是否健康，以及營養狀況都會影響換羽，但是並沒有明確的換羽條件。

環境部分，曾經遇過一些不換羽或羽毛脫落後沒有長出新羽毛的鳥，大多是被照顧得「太好」的鳥，例如：終年恆溫恆濕、每天固定作息（定時起床、定時蓋籠布睡覺），少了大自然春夏秋冬的節氣變化，鳥的身體沒有被提醒要換毛，才造成換羽停滯。

鳥兒本身的身體狀況也是影響換羽的重要因素。疾病部分包括病毒感染、肝臟疾病、甲狀腺功能低下症、腫瘤或毒物影響（重金屬鉛中毒或藥品毒素累積）等等。虎皮鸚鵡有罕見的先天性雞毛撢子症

（Feather duster disease）——這些虎皮鸚鵡的羽毛捲曲且過度生長，雖然不影響進食，但進食量幾乎不足以支持羽毛如此大量生長，因此罹患此病的虎皮鸚鵡平均壽命不足一年。

◆ 環境恆溫恆濕、固定作息而影響換羽的文鳥，頭部脫毛後沒有順利長出新羽毛。

如何幫助鳥兒順利換羽

由於羽毛的主要成分是蛋白質，從食物攝取的營養是否均衡，尤其蛋白質的量是否足夠，會直接影響換羽及羽毛品質。若換羽時蛋白質不夠，飼主可能會發現鳥兒的胸肌消瘦、體重下降。換羽期間建議提高食物中蛋白質的比例，或補充市售鳥用胺基酸（胺基酸爲構成蛋白質的基本單位），同時可輔助給予換羽用維生素。

第 12 章　不完整的羽絨衣：羽毛生長異常

小故事　營養不良的小玄

　　小玄是倍受寵愛的小公主，卻隨著年紀增長越來越挑食。曾經小玄也會吃滋養丸、綜合穀類及其他食物，但在我跟她初次見面的時候，她已經只吃腰果粉及白吐司維生。營養不良造成小玄的羽毛又乾又柴、嘴喙過度生長，並伴隨腸胃疾病發生，經過一段時間的藥物治療及飲食調整，身體健康及羽毛狀況都有明顯改善。

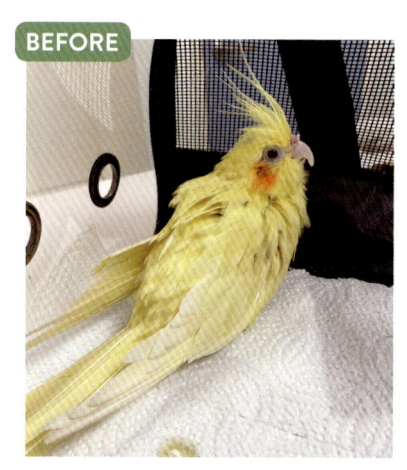

◆ 小玄因為長期營養狀況不佳，羽毛變得又乾又柴。

◆ 小玄還有嘴喙生長異常的問題。

◆ 經過藥物及飲食調整後，羽毛恢復成柔潤有光澤。

PART 1　常見的鳥兒疾病

67

第13章

我不是故意當歪嘴雞
嘴喙生長異常

😀 嘴喙結構

不同食性的鳥類，嘴喙形狀長得不一樣，但結構是差不多的，從內到外包含骨頭、真皮層及角質鞘。上嘴喙及下嘴喙的最內層是由上顎骨及下顎骨延伸出來的骨頭，骨頭內層是緻密的，靠近外層的骨頭排列則比較鬆散。骨頭之外包覆著含有微血管的真皮層，最外層的部分為角質鞘，其成分為角蛋白，類似指甲的成分，會不斷生長及磨損。

嘴喙的內、外側角質匯集在上下嘴喙的邊緣，類似牙齒的功用，可以切割食物或物品。而鳥類嘴喙觸覺最敏銳的位置為嘴喙尖端，因為嘴喙尖端的角質化組織內埋藏了大量的感覺受器，因此鳥類嘴喙的功能就像人類的手一樣，大動作例如協助攀爬及玩玩具，也可以做到細膩的小動作，包含挑選喜愛的物品、剔除不愛的食物、整理羽毛、觸碰與探測新事物等等。

😀 越長越長、越長越歪的嘴喙

鳥嘴喙最外層的角質鞘會不斷生長，但在進食、啃咬、摩擦等過程中會有磨損，正常情況下，生長及磨損的速度達到平衡，鳥嘴喙就

第 13 章　我不是故意當歪嘴雞：嘴喙生長異常

能維持正常的形狀。一旦生長或磨損的速度快過另一方，鳥嘴喙便可能越長越長，或者越長越歪。

Q1 什麼狀況可能造成鳥嘴喙越長越長？

A 在疾病方面可能會因為肝功能異常、高血脂症、低甲狀腺功能症及營養失衡造成嘴喙角質鞘硬度異常，導致磨損不足而越長越長。先天性下嘴喙前突的鳥，外觀看起來會像「畚斗」的樣子，下嘴喙無法藉由咬合來磨損，因此也會越長越長，甚至因為受力不當而分岔裂開。另外，在缺乏咀嚼動作的鳥身上，也能看到嘴喙過度生長的狀況。

◆ 白頭翁上喙彎曲、下喙過度生長。

◆ 上嘴喙過度生長的愛情鳥。

◆ 小太陽鸚鵡的上嘴喙過度生長。

PART 1　常見的鳥兒疾病

69

◆ 先天性下嘴喙前突的和尚鸚鵡，缺乏適當磨損導致下喙分岔。

◆ 藉由上嘴喙延長來矯正下嘴喙突出的狀況。

Q2 什麼狀況可能造成鳥嘴喙越長越歪？

A 有些幼鳥有 <mark>先天嘴喙生長異常</mark> 的狀況，可能會發生上嘴喙側向歪斜生長❻或者下嘴喙前突，部分研究認為先天的嘴喙畸形與孵化時的溫度、濕度、通風、蛋翻轉狀況或鳥爸媽的營養情況有關。有些<mark>腳有問題</mark>的鳥（例如跛腳），在攀爬、移動時會<mark>使用嘴喙輔助</mark>，長期以歪斜的方向磨損，也會造成另一側嘴喙過度生長的狀況。

◆ 先天性嘴喙生長異常的玄鳳鸚鵡。

◆ 玄鳳鸚鵡的上下嘴喙因缺乏適當磨損而過度生長，外觀呈現剪刀般的交叉狀態。

註 ❻ 上嘴喙側向歪斜生長會導致上下喙交叉，外觀看起來像剪刀，稱為「剪刀嘴」。

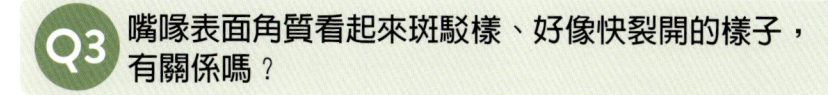

第 13 章　我不是故意當歪嘴雞：嘴喙生長異常

Q3 嘴喙表面角質看起來斑駁樣、好像快裂開的樣子，有關係嗎？

A 鳥嘴尖端有淺淺的剝落痕跡是正常的，但若整個喙部都呈現斑駁的樣子，可能與營養缺乏或籠子內缺乏粗糙表面可以摩擦嘴喙有關。如果就醫檢查都是正常的，就需要另外檢視飼主提供或鳥兒攝取的食物是否足夠營養均衡，或者籠內環境是否有適合摩擦嘴喙的物品。

Q4 還有什麼情況會造成嘴喙生病？

A 當鳥兒感染疥癬蟲或蟎蟲等寄生蟲，嘴喙可能增厚，表面呈現白色蜂窩狀病變。通常發生寄生蟲感染時，病灶區不會只出現在一個地方，需確認鼻孔周圍的臘膜、足部等位置是否也有發生病變。

◆ 虎皮鸚鵡因為疥癬蟲感染造成嘴喙破損成蜂窩狀。

北美紅雀 northern cardinal

第14章

我的鳥熱昏了
中暑

😊 鳥兒如何調節體溫？

鳥的正常體溫比人類高，大約落在 **39°C～42°C**（鳥類體溫及呼吸速率可參考73頁表格），平均體溫為40°C。雖然鳥兒的體溫比較高，但是並<u>不耐高溫環境</u>，對於較大的<u>環境溫差變化也很敏感</u>。多數鳥兒會固定生活於一個棲地，無法選擇周遭環境的溫度，因此會藉由自身調節的方式維持體溫。

鳥兒保暖以維持體溫的方式較少，天氣較冷或體溫較低時，牠們會將羽毛蓬起，在羽毛與身體之間形成一個保溫空氣層，如同我們穿著羽絨外套般，藉此減少熱量散失。鳥兒休息時會將頭部埋到肩胛間的羽毛中，或將腳縮到腹部羽毛間，這些行為都有<u>保暖效果</u>。此外，尋找遮蔽物例如窩、巢、樹洞等，或跟其他鳥緊靠在一起，也都是鳥兒本能的保暖方式。

當鳥兒感覺熱的時候，羽毛會服貼於體表、翅膀張開，藉由與身體之間的空氣流動來加速降溫。體溫過高的鳥兒喘氣所呼出的水分蒸散也會帶走體內熱氣，部分鳥兒還可以藉由擴張體表皮膚的血流量來達到<u>散熱效果</u>。在可以選擇環境的情況下，鳥兒會躲避至陰影處或進行水浴、沙浴。

第 14 章　我的鳥熱昏了：中暑

鳥類基本生理數值	
體溫	39°C～42°C
血壓	90～150 mmHg

	體重 (g)	次／每分鐘
呼吸速率	40～100	55～75
	100～200	30～40
	250～400	15～35
	500～1000	8～25
	1000～5000	2～20
心跳速率	40～100	600～750
	100～200	450～600
	250～400	300～500
	500～1000	180～400
	1000～5000	60～70

◆ 資料來源：Loneley, Lesa. *Anesthesia of exotic pets.* ELSEVIER SQAUNDERS, 2008.

😊 天氣熱時才會中暑？

「中暑」這個名詞經常聽到，又被稱為熱衰竭、熱緊迫或熱傷害。中暑的熱源來自於環境，是因為鳥兒體溫上升後無法正常散熱所引起。跟燙傷的定義不同：燙傷是局部溫度過高而傷害到皮膚，中暑則是全身性的問題。另外，中暑只會發生在炎炎夏日嗎？不一定，但夏天確實會比較容易發生。

人類所飼養的鳥有可能在曬太陽的時候發生中暑。基本上曬太陽有助於鳥兒的健康，最為人所熟知的優點就是能夠轉化體內的維生素D、幫助鈣吸收，除此之外還有殺菌、幫助驅除寄生蟲、促進代謝等好處。但在這些好處的背後，需要小心過度曝曬而造成中暑。鳥兒曬太陽需選擇早晨或傍晚較為涼爽的時間，大約 10～15 分鐘即可，並且需要人類在旁陪伴、觀察，如果發現鳥兒有過熱的反應，就要立刻移至陰涼處休息。

◆ 鳥兒曬太陽時需提供遮陰位置，並隨時注意鳥兒狀況，避免發生熱衰竭。

　　溫差也是中暑的其中一個原因，經常發生在夏天。當飼主白天外出時，鳥兒所在的環境可能只靠電扇循環散熱，待飼主晚上回到家後才會開冷氣降溫。白天很熱、晚上很涼爽，這樣的室內環境溫差可能高達 10℃，如果鳥兒的體溫調節異常就容易發生中暑。

　　生活在熱帶及亞熱帶的鳥兒可以在比較高溫的環境下生存，也會尋找比較陰涼通風的地方散熱，避免發生中暑。但是，被圈養的同種鳥兒可能無法承受像野外一樣的高溫環境（例如熱帶地區可能出現

40℃的環境），最大原因是人為飼養環境悶熱、不通風，也沒有能夠即時降溫的雨水等等，當鳥兒感覺到太熱時根本無處逃脫。

除了家中環境，運輸過程也是一個問題。鳥兒在運輸途中如果用不夠通風的容器，例如太空包、紙箱、昆蟲箱，當氣溫比較熱又沒有適當降溫措施，或在太陽下曝曬，都可能演變成中暑。運輸途中可用布包裹冰塊，固定在運輸籠的內側或外側來進行降溫，或在確認不會誤傷鳥兒的情況下使用風扇，並在中途休息時定點給予飲水。

另一個常見的狀況是過度保溫（或者該正名為「過度加溫」）。隨著鳥兒成為人類寵物的時間越來越長，很多飼主都有「鳥兒生病要保溫」的觀念，但很不幸的是，有時候明明環境夠溫暖，或者鳥兒並沒有蓬毛及將頭埋在肩胛羽毛間等怕冷表現，飼主還是提供了加溫設備，例如保溫燈、暖暖包，甚至包了毛巾、蓋了布，反而讓鳥兒過熱中暑。

😱 鳥兒中暑的症狀

那鳥兒中暑時，可能會出現什麼症狀呢？一開始會先啟動自我散熱機制，此時飼主會看到一隻舌頭狂動、張嘴喘氣、羽毛緊貼身體、翅膀下垂並遠離身體的鳥兒。如果這樣做體溫仍然無法下降，體內水分會因為喘氣蒸散過度而流失、造成脫水，出現抽搐、嘔吐或呆滯無反應的狀況，持續脫水可能會引發低血壓性休克，過高的體溫也會傷害體內細胞，腦部、心肌損傷及肝腎衰竭等等都有可能發生，此時鳥兒會呈現昏迷，甚至是死亡。遺憾的是，這個惡化的過程速度可以非常快！

◆ 離世的鳥兒眼睛無神，肢體僵硬。

● 中暑的緊急處置

　　首先記住一句話：千萬不要讓鳥的體溫降太快！劇烈的體溫變化會讓鳥兒無法承受，反而加速死亡。

　　發現中暑情況後，要先把鳥兒移到陰涼環境，以噴霧的方式將常溫的水噴灑在鳥兒身上及腋下，同時輕輕搧風降溫。若沒有噴霧罐，可以改成用淺盤裝水、浸泡到鳥腿及肚子即可。注意！不要把鳥兒整隻泡到水裡。

　　降溫後的鳥兒，如果恢復神智及吞嚥能力，可以為牠補充電解質水，要小心翼翼、一滴一滴地餵，千萬不能讓鳥兒嗆到！若是持續嘔吐、無法恢復意識，則請儘速就醫，並告知醫師完整發生過程以及做過什麼緊急處置！

◆ 使用滴管、針筒或湯匙幫鳥兒補充水分，同時注意鳥兒能否順利吞嚥。

第15章

並沒有絕對安全這種事
常見意外事故

我常常跟飼主說：「**沒有什麼是絕對安全的**。」就算是不出門的寵物鳥，在家也可能發生意外，以下來說說幾種最常發在鳥兒身上的事故。

😺 溺水及吸入性嗆傷

大多是因為**液體進入呼吸道**，影響氣體交換，使鳥兒身體無法獲得足夠的氧氣、也無法排出二氧化碳，導致**缺氧窒息**。

發生原因

最常見的吸入性嗆傷發生在**餵食幼鳥或病鳥**的時候，大量流質食物灌入口中，無法順利吞嚥導致食物流入氣管。**健康成鳥**也可能在**自行進食**的時候，出現將食物或飲水吸入氣管的意外。另外需要注意的是，**洗澡**也可能會是鳥兒嗆傷或溺水的發生時機，使用有弧形底的容器（如飯碗）洗澡時，或者誤入馬桶，不慎跌倒後若無法抓握或自行站立，就有可能發生溺水。

症狀

嗆到及溺水的鳥兒會呈現缺氧狀態，在沒有覆蓋羽毛的地方，像是眼圈、嘴喙、鼻孔周圍皮膚、腳掌等位置，會出現暗紅甚至發紫的顏色。鳥兒全身無力、開口呼吸、喘氣，呼吸時腹部用力收縮、尾巴上下擺動，還可能伴隨著「答答答」的聲音，嚴重的話可能導致快速死亡。

治療

發現之後第一時間撥開鳥兒嘴喙，確認並清除口中的液體或食物。當鳥兒呼吸順暢時，放置於安靜溫暖的環境休息。如果呼吸持續有「答答」聲，代表呼吸道仍有損傷，建議就醫治療。醫師通常會使用口服藥或噴霧治療以緩和鳥兒症狀，嚴重情況則會需要提高環境氧氣濃度。

預防

餵食病鳥或幼鳥流質食物的時候，須注意鳥兒進食狀況，避免一次讓大量食物流入口中。讓鳥兒洗澡時使用平底容器，並在放出籠時隨時注意鳥兒位置，勿讓鳥兒靠近馬桶、魚缸等有水容器。

骨折

鳥兒的骨頭演化為中空結構，是為了減輕體重有利於飛行，但同時也容易因為撞擊而發生骨折。

發生原因

親人的鳥兒喜歡跟飼主親近，常常跟前跟後地在飼主周圍活動，而骨折容易發生在飼主意外踩到、壓到、坐到鳥兒，或是開關門時不小心撞傷鳥兒。家中電扇或吊扇撞擊也是造成鳥兒骨折的原因。此外，繫著腳鍊的鳥兒受到驚嚇時，如果起飛逃跑的力道過大，也可能因此拉斷腳部。

◆ 腳被電扇扇葉打到導致右腿撕裂傷的白頭翁。

◆ 受傷的白頭翁手術包紮後。

症狀

鳥兒骨折經常發生在四肢，骨折的翅膀會垂落無法飛行，如果發生在腳部，則會發現鳥兒移動時拖著腳、且無法用於支撐或站立。疼痛會讓鳥兒精神變差、食慾減退，有些鳥兒還會因此啃咬骨折處，造成額外的皮肉受傷及脫毛狀況。

治療

鳥兒骨折須盡速就醫。運輸途中建議將鳥兒放入鋪有柔軟布料的紙箱，全程保持黑暗，避免因為不安、衝撞而再次受傷。依據骨折程度不同，獸醫師會使用石膏和夾板等外部固定方式，或在骨頭內部放置骨釘固定。不建議飼主居家自行固定斷骨，一來包紮的力道如果太大可能導致皮膚受壓迫而壞死，二來沒有對接好的骨頭可能錯位、歪斜或無法癒合，而且這些過程對鳥兒來說都會造成緊迫。

◆ 飼主用彈性繃帶自行包紮斷骨，但因包紮過緊，導致血液循環不良和皮膚壞死。

預防

關閉吊扇，或在電扇上套一層防護紗網，確認鳥兒的放風環境安全再放鳥兒出籠，同時所有在家的人都必須知道鳥兒在籠外活動，並且隨時注意做每個動作時鳥兒是否在旁邊。中小型的鳥兒強烈建議不要繫腳鍊，以外出籠帶鳥兒外出較為安全。家中無人時須將鳥兒關籠，以減少意外發生。

🔴 纏繞受傷

布製品、繩索、棉線等等物品纏繞在鳥兒身上，纏繞處血液無法順利經過，造成養分供應不良及缺氧，就會引發腫脹及壞死。如果不幸纏繞在脖子上，還可能導致窒息。

發生原因

鳥兒擁有強大的好奇心，也喜歡到處攀爬啃咬，在玩的過程中可能會不小心將軟質、細長的繩子或線纏繞在自己身上。這些繩子或線的來源包括蓋在籠子上遮光擋風的布、棉繩棲木、繩索玩具，甚至是綁玩具用的掛繩，或者用來綁巢或巢盤的棉線。

症狀

鳥兒被繩子或線纏繞的位置會紅腫或發黑，周圍或肢端（如腳趾）則可能因為鳥兒不適啃咬而出現傷口。

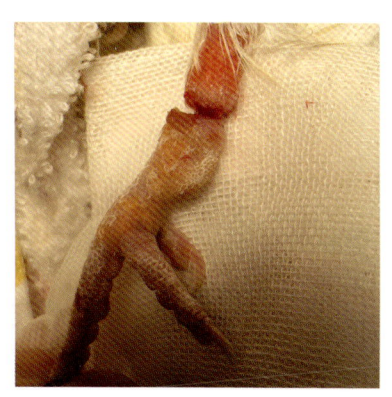

◆ 鳥兒左腳被棉線纏繞而受傷。

鳳頭山雀 crested tit

治療

　　立刻將纏繞在鳥兒身上的繩子或線剪斷，仔細檢查並挑出陷在肉裡殘餘的布料。及早發現，可能不需要使用任何藥物。但如果纏繞部位已經有腫脹、發黑、壞死等狀況，則需使用藥物治療，嚴重的話甚至需要手術清創縫合。

預防

　　籠布、玩具、棲木都可以使用，但也**沒有絕對安全的物品**，飼主需要隨時注意這些布製品是否遭受鳥兒啃咬破壞，若已經被咬到抽鬚、毛毛的，就需要立即丟棄。避免放置用棉線綁的巢或巢盤，改用完全**草編**的來取而代之。除了隨時留意可能造成意外的物品，也要定期幫鳥兒**修剪趾甲**，減少因為太長勾到布製品而發生纏繞的風險。

◆ 腳被鳥巢棉線纏繞受傷的胡錦。

🔸 燙傷

皮膚是身上最大的器官，面對外界的第一層保護，也是發生燙傷時的主要傷器官。皮膚從外到內分為表皮層及真皮層，再往身體內部就是肌肉層、骨骼或內臟。輕度燙傷發生在表皮，可能只會造成一點點疼痛或是紅腫，如果傷到真皮層可能會起水泡。但是當燙傷範圍深達肌肉跟骨頭，外觀可能已經呈現發白壞死的狀態，同時因為神經受損而感受不到疼痛。

發生原因

病鳥和幼鳥是燙傷的高風險族群，這些個體維持體溫的能力比較差，容易被加溫產品（如保溫燈）高溫燙傷。若有使用暖暖包或者人工餵食流質食物，也可能因為長時間接觸到高於體溫的溫度而出現低溫燙傷。喜歡洗澡的鳥兒意外飛入熱湯也是時有所聞，這類燙傷的部位通常會出現在足部。

症狀

燙傷區域的皮膚會發紅、腫脹、疼痛，有可能出現水泡，明顯壞死區塊則可能延遲至 7～14 天之後才發生。

治療

　　高溫燙傷的緊急處理方式和人一樣，使用 流動的冷水 對傷口進行降溫，注意只有 受傷區域 需要接觸流水，時間約 **5～10 分鐘**，降溫的過程中也要注意鳥兒狀況並 避免嗆傷。初步緩和狀況後，需就醫評估藥物使用及是否需要手術介入。後續照顧除了傷口護理，還要特別留意鳥兒的 營養狀況 以及 緊迫狀態 是否引起其他併發症。

預防

　　避免鳥兒接觸高溫物品與進入高風險區域（如廚房），對於低溫燙傷則要保持高度警覺，不是摸起來溫溫的物體就一定是安全的，要避免長時間接觸高於體溫的溫度。

斑尾林鴿
wood pigeon

第 15 章　並沒有絕對安全這種事：常見意外事故

😀 黏鼠板

鳥兒如果意外碰到黏鼠板，往往會奮力掙扎後整隻黏在黏鼠板上。當飼主發現時，最重要的是將鳥兒從黏鼠板上移出之後，要盡快穩定鳥兒狀況。

用紙張鋪在鳥兒周圍的黏鼠板上，避免將鳥兒移出時再次沾黏。動作緩慢而輕柔地將鳥兒帶離黏鼠板，過程中須注意避免鳥兒發生骨折，也不能為了脫

◆ 用食用油除膠之後，以溫水稀釋過的洗碗精來清潔身上油汙，整個過程都要注意保溫。照片中的紅色光源為保暖用的紅外線燈。

困而剪斷鳥兒羽毛。脫離黏鼠板後如果鳥兒狀況許可，接下來的步驟就是「除膠」：將食用油塗抹在鳥兒身上，在輕輕搓揉的過程中，食用油會乳化黏膠而使其失去黏性。清除完殘膠後，可使用麵粉或加了一點洗碗精的溫水清潔。

整個過程中要隨時注意鳥兒狀況，如果鳥兒過於緊迫，須隨時暫停讓牠休息一下再繼續。由於羽毛被黏膠沾黏在皮膚上，鳥兒維持體溫的能力會變差，因此整個清潔過程都需要注意保溫。

◆ 綠繡眼全身都是黏鼠板的黏膠。

85

🐦 玩具意外

　　鳥玩具千百種，不同形狀、不同玩法、不同材質，即使是曾經玩過的玩具，給鳥兒玩耍時都還是需要注意避免意外發生。

　　以下列舉一些臨床上實際見過的例子，光是一個再平常不過的鐘形鈴鐺，就發生過鳥兒的嘴喙卡在鈴鐺裡面，也有鳥兒腳掌被鈴鐺的邊緣劃傷。掛玩具的掛鉤有可能卡住鳥兒嘴喙，或從下喙後側柔軟處戳穿鳥兒舌根。綁玩具用的棉繩或棕櫚葉玩具被鳥兒咬鬆、抽鬚之後，也曾發生纏住脖子、翅膀及腳，造成窒息或骨折的例子。

　　飼主們看完之後或許會覺得很可怕，確實也是很可怕沒錯，但請不要因噎廢食而從此不給鳥兒玩具。玩具對鳥兒來說是很重要的存在，牠們需要玩具來訓練思考及作為消遣。我認為應該要給予鳥兒玩具，但飼主也需要隨時注意鳥兒的使用狀況，畢竟就像本章開頭所說：「沒有什麼是絕對安全的。」

◆ 鳥兒嘴喙卡在鈴鐺裡面。

PART 2
從看診到急救，醫生教你怎麼做

第16章

看醫生免緊張
居家減敏小訓練

　　身為一隻鳥,在家除了吃喝睡外加撒嬌破壞之外,還能做什麼呢?很多人會訓練鳥兒講話、唱歌或是學習各種特技,我則推薦幾個簡單的**居家減敏訓練**項目,**模擬看診時可能會遇到的事件**,讓鳥兒預先知道這些操作並不可怕,也不會傷害到牠們。這些訓練不僅可以讓鳥兒生病看醫生或健康檢查時的緊迫大大降低,訓練過程中的互動也會增加飼主與鳥兒的親密感,還能減少因為無聊而引發的行為問題,好處多多!

　　特別需要注意的是,訓練時請鳥爸媽們**保持平常心,以玩樂及鼓勵的方式進行練習**。

◆ 健康檢查中的灰鸚鵡,獸醫師正在使用聽診器評估鳥兒的心肺音。

訓練 1：量體重

鳥類的基礎代謝很快，當身體狀況出現問題的時候，體重可能大幅度增加或減少，所以平常在家測量體重、關注體重變化是很重要的。建議搭配使用最小單位到小數點後一位的電子秤。

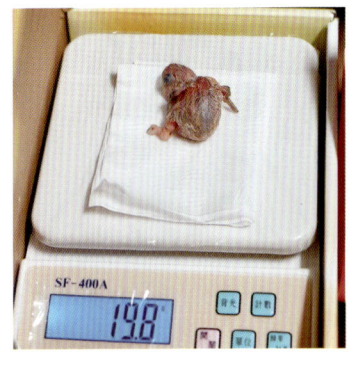

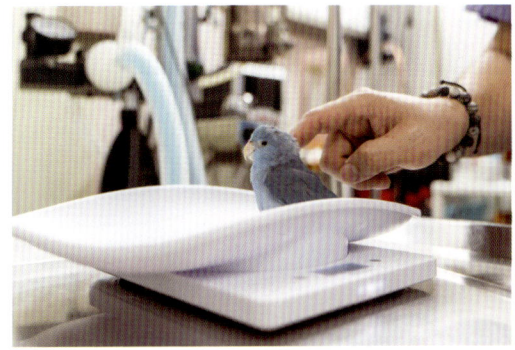

◆ 使用電子秤測量鳥兒體重。
◆ 使用嬰兒秤測量鳥兒體重。
◆ 圖片提供：許旻庭

訓練方法

先讓鳥兒認識這位新夥伴——以好吃的食物或喜愛的玩具放在電子秤附近吸引鳥兒接近，當鳥兒漸漸習慣、不害怕秤子的時候，就可以慢慢把食物或玩具移動到秤子上！

◆ 讓鳥兒漸漸習慣量體重這件事情。

◉ 訓練 2：毛巾包裹及保定練習

　　鳥兒看醫生的時候常常需要<u>被毛巾包裹保定再進行檢查</u>，以避免鳥兒肢體受傷或跌落診療檯，同時也能保護醫療人員或飼主不被咬傷。保定時需注意鳥兒的狀況，鳥兒<u>張開嘴巴快速喘氣</u>是很常發生的現象，可能是因為保定太過用力導致無法順利呼吸、太過於緊張或者覺得太熱，這時候要盡快讓鳥兒回到籠子內休息。

◆ 以毛巾包裹保定，模擬看診時的狀況。

訓練方法

　　在跟鳥兒玩耍互動時，可以用毛巾、被子、毯子、衣服等布製品輕輕蓋住鳥兒再掀開，讓牠練習<u>不害怕「被包裹」</u>。進階練習可以試試看用毛巾等布料把鳥兒包起來抱抱，甚至稍加施力、短暫約束其活動，練習真正的保定。

　　針對中小型鳥兒，練習<u>單手保定</u>對於需要餵藥、查看傷口、剪趾甲等都會有幫助。練習時嘗試用食指及中指固定鳥兒頭部兩側，剩下的手指及掌心則握住鳥兒的身體。

◆ 平時可用毛巾包裹鳥兒進行保定練習。

第 16 章 看醫生免緊張：居家減敏小訓練

◆ 小型鳥保定手勢示範。

🙂 訓練 3：進出外出籠或外出包

對於鳥兒來說，外出籠或外出包不應該是個可怕的空間，平常可以讓鳥兒<u>自由進出</u>最好。學會這個技能之後，除了看醫生，平時也可以帶著鳥兒出門走走。

◆ 平時讓鳥兒自由進出外出籠／外出包。

訓練方法

跟剛剛量體重時要先讓鳥兒認識秤一樣，可以食物或玩具吸引鳥兒進入外出籠，有些飼主會將外出籠或外出包作為夜晚睡覺的場所，也是不錯的方法。

PART 2　從看診到急救，醫生教你怎麼做

91

訓練時請飼主注意，**不要在鳥兒一進入外出籠時就急著關門**，這樣會嚇到牠們造成反效果。另外，也不要把外出籠的狹小空間當作鳥兒不乖的處罰空間。

◆ 練習時不要急著把外出籠的門關上，讓鳥兒逐漸適應。

訓練 4：習慣「被」餵食

病鳥常見**食慾變差**或**不吃藥**的情況發生，這時候就會需要「被」餵食或餵藥，所以平時可以先進行訓練，治療及補充營養時會順利很多。

◆ 訓練鳥兒習慣「被」餵食。

訓練方法

可使用針筒或小湯匙，搭配鳥奶粉、新鮮果汁、水果泥或水等等鳥兒喜歡的液體或泥狀食物，一點一點餵食，讓鳥兒習慣這些動作，甚至喜歡被餵食。

這個練習很進階，一定要注意不能讓鳥兒覺得被強迫。餵食的重點是**「一點一點慢慢餵」**，千萬不要因為練習而造成嗆傷！

◆ 一點一點以針筒餵食鳥兒。

第17章　外出就醫不頭疼
帶鳥寶看病要注意什麼

一樣都是寵物鳥，有些是深居簡出、大門不出二門不邁的「大家閨秀型」，也有愛湊熱鬧親近人群的「自來熟型」，前者通常是雀鳥類或小型鸚鵡，而後者則比較常見於中大型鸚鵡。無論是哪種類型的鳥兒，如果因為疾病不舒服而需要就醫看診時，一律需要慎重對待其外出的反應。針對外出就醫，以下提出五大建議：

🔸 建議1：外出籠／外出包要蓋布

有些飼主帶鳥兒看醫生的運輸過程中，仍會維持平常逛街散步的狀態，例如幫鳥兒勾個腳鍊或穿個衣服（飛行衣或尿布衣）就出門，但對於身體不適的病弱鳥而言，運輸途中四周環境的汽機車引擎聲、喇叭聲、路人好奇的眼光與比手畫腳詢問、快速的街景光影變化、行進間的晃動感……，如此繁華吵雜的世界，會讓鳥兒感到緊迫，而這些負擔可能會加重病況。

所以外出就醫時，盡量讓鳥兒待在外出籠或外出包當中，確定空氣流通的情況下在籠外或包外蓋個布，這樣做雖然擋不住外界的聲響，但光是視線被阻擋以及維持暗暗的環境，就能讓鳥兒安心許多。

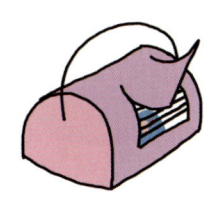

93

😊 建議 2：外出籠內不需提供飲水

　　飼主總是會擔心鳥兒在運輸途中餓了、渴了，但其實大部分鳥兒**在移動時是不太會進食或飲水的**。外出籠內不管放置食物或飲水，都容易因為運輸晃動而灑出，乾燥的顆粒食物在籠底滾來滾去，對鳥兒的影響還不大，但**潑灑出來的水卻可能驚嚇到鳥兒或讓羽毛濕掉**，籠底濕答答的一灘水也會干擾醫生判斷便便型態和尿量，糞便檢查的結果也可能受到影響。所以通常會建議飼主不用準備鳥兒的飲水，在路途中或到院之後再給水就好。

😊 建議 3：看情況決定是否保溫

　　「**病弱鳥維持體溫的能力比較差**，所以要記得保溫。」這個觀念深植人心，前一句話確實是正確的，但是否一定要「保溫」或者「加溫」又是另一回事了，需要**因鳥況而異**，而非盲目地加熱。

　　病弱鳥若感到寒冷，羽毛會蓬鬆到看起來像顆毛線球一樣，或者鳥兒可能將頭埋藏到肩胛間的羽毛中保暖，這時候才需要提供熱源保暖。無論是居家或是運輸中的保溫，**應確保空氣流通**，並在籠內放置**環境溫度計**，方便飼主隨時確認是否過熱。

在運輸途中暖暖包是常被使用的加熱源，但請切記**暖暖包要用一小塊毛巾包裹後，放置於籠子側邊**！一定要避免讓鳥直接踩在暖暖包上面，病弱鳥可能會因為反應不及或沒地方躲避而造成燙傷，嚴重的話甚至會需要截肢。

建議 4：外帶一份新鮮便便

糞便檢查是鳥門診的基本項目，為了避免鳥到院卻沒便可檢查的狀況，出門前可用**棉花棒沾取**一份新鮮、濕軟的便便，裝在夾鏈袋中一起就診。如果運輸時間較長，可以將便便放置於**冰寶、保冷劑或保冷袋中**。

建議 5：攜帶照片／影像記錄

前言中提過因為鳥兒在自然界中屬於被掠食者，有**擅長隱藏疾病**的天性，因此在熟悉的家中異常表現會比在醫院更為明顯，很多時候是**由飼主細心觀察才發現「鳥兒跟平常不一樣」**的。除了需要飼主細心發現問題，**轉述狀況**也很重要，但飼主口頭敘述的內容，有時候跟醫生的理解會有出入，例如曾經遇過飼主形容鳥兒「龍骨疼痛」，但檢查後發現是腸胃問題；也遇過飼主緊張地說鳥兒快要死了，但其實只是因為鳥的體型較小而已。因此，用照片或影像記錄鳥兒在**家中的異常表現或居住環境**，可以幫助醫生更快了解鳥兒狀況。

第18章

有事早發現，沒事放寬心
健康檢查

　　鳥兒不會說話且擅長隱藏疾病，當鳥兒表現出跟平常不一樣的狀態時，通常都已經是比較嚴重的情況了。因此，<u>飼主</u>平常在家仔細觀察鳥兒的<u>精神</u>、<u>活動力</u>、<u>飲食狀態</u>、<u>排泄物外觀</u>等等，是非常重要的。<u>定期健康檢查</u>則是可以從<u>獸醫師</u>的角度，來為鳥兒評估健康狀況。

　　常常有人會問：「醫生，鳥需要多久做一次健康檢查呢？」或者「請問鳥的健康檢查要做些什麼呢？」其實健康檢查主要是在檢查鳥兒的身體是否健康，通常沒有特別症狀的時候是<u>每半年至一年一次</u>，作為一種確認「真的安好」的方法，如果發現有問題的話也能及早治療。

　　至於鳥兒的健康檢查會做些什麼項目呢？以下一一來說明。

😊 問診

　　健康檢查的第一步，就是問診。獸醫師會藉由<u>與飼主的問答</u>之中，得知關於鳥兒的各項基本資訊。

針對鳥兒本身

★ 鳥兒的年紀或飼養時間？

★ 鳥兒的來源？

★ 鳥兒的性別？若是母鳥，最後一次生蛋的時間？
★ 飼養期間曾發生過的疾病？

針對環境部分

★ 平時放養在籠外或飼養在籠內？
★ 籠子的材質、大小、放置位置？
★ 籠子內有什麼家具？（如站棍、玩具、窩……）
★ 鳥籠清潔的頻率及清潔方式？
★ 光照及黑暗時間各多長？
★ 家中是否有其他鳥或動物？彼此之間的互動如何？

針對飲食部分

★ 食物及飲水種類、更換頻率？
★ 平常是否會挑食？取食比例如何？

在問診的過程中，獸醫師會適時<u>觀察鳥兒的狀況</u>。有些飼主一進入診間就心急地把鳥放出籠，而比較建議的做法是在獸醫師接觸鳥兒進行檢查之前，<u>讓鳥兒先待在籠內</u>。獸醫師會觀察鳥兒所待的位置（站在站棍上還是待在籠底）、是否能維持姿勢、精神狀態、有無膨毛、開口呼吸等等。除了鳥兒的狀態，籠子內的陳設、站棍尺寸、籠底墊料、食物及水，也都會是獸醫師觀察的重點。

◆ 獸醫師會在問診時觀察鳥兒站姿及籠內環境。

🩺 理學檢查

　　獸醫師藉由眼睛視診、耳朵聽診、手部觸診，甚至以鼻子聞氣味來完成的鳥兒身體評估。

檢查外觀

- ★ 眼口鼻耳：有無分泌物或者腫脹現象、鼻後孔結構是否正常
- ★ 體態：是否過胖或過瘦
- ★ 腹部是否凸出、肛門周圍是否黏附排泄物
- ★ 翅膀及腳：關節活動性、外觀顏色、有無腫脹脫皮、趾甲是否過長
- ★ 羽毛：羽色、羽毛毛質、有無寄生蟲、是否正在換羽或有無脫毛等
- ★ 尾脂腺：大小及外觀是否正常
- ★ 評估水合狀態
- ★ 能否維持姿勢
- ★ 測量體重

◆ 檢查鳥兒外觀：
白文鳥嘴喙蒼白。

◆ 檢查鳥兒外觀：
面部有寄生蟲感染、角質增生。

◆ 檢查鳥兒外觀：
瞇眼、右眼周圍腫脹。

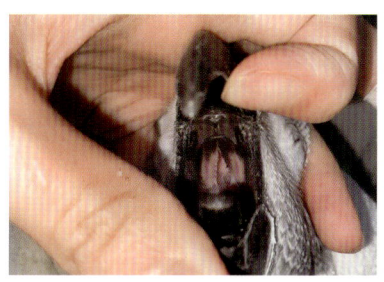

第 18 章 有事早發現，沒事放寬心：健康檢查

◆ 鼻後孔位於鳥兒上顎腹側的狹縫，往上通往鼻腔。

◆ 觀察鳥兒抓握能力與關節活動力。

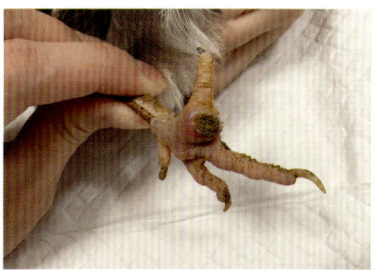

◆ 檢查鳥兒外觀：足部禽掌炎。

◆ 查看鳥兒翅膀內側羽毛及關節活動性。

◆ 發現飛行羽內側的寄生蟲。

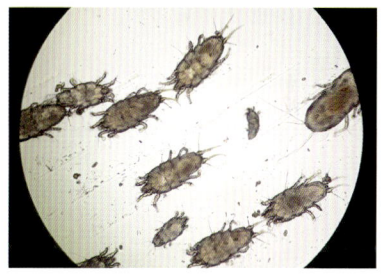

◆ 進階顯微鏡檢查：
確認羽毛上的寄生蟲為羽蝨。

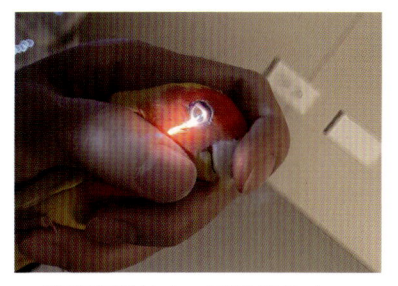

◆ 進階眼科檢查：裂隙燈檢查。

◆ 進階眼科檢查：
角膜螢光染色檢查。

PART 2 從看診到急救，醫生教你怎麼做

99

> 聽診器聽診

肺炎或氣囊炎的鳥兒會有**呼吸雜音**，這時就需要使用聽診器來輔助判斷。**心音評估**則包含心跳聲、是否有心雜音或心律不整。

◆ 使用聽診器聽鳥兒的心音及呼吸音。

抹片檢查

例如用**喉頭抹片**檢查上呼吸道、鼻後孔及咽喉，**嗉囊及糞便抹片**用以確認菌叢平衡狀態、有無體內寄生蟲或其他黴菌感染（如念珠菌或巨大菌）。

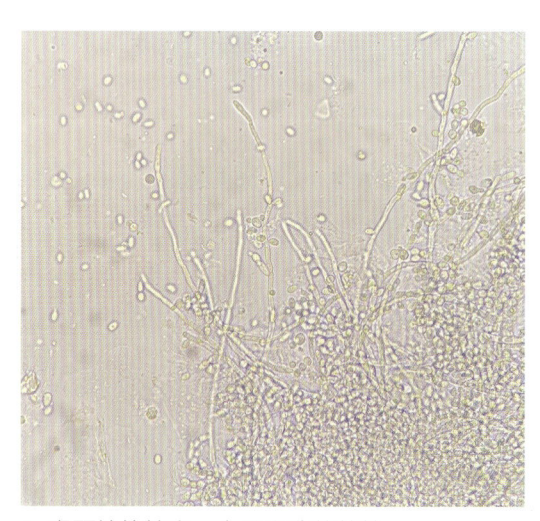

◆ 喉頭抹片檢查：大量念珠菌菌絲。

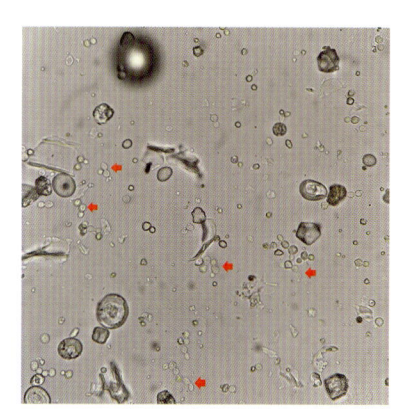

第 18 章　有事早發現，沒事放寬心：健康檢查

◆ 糞便檢查：
紅色箭頭處為念珠菌芽孢。

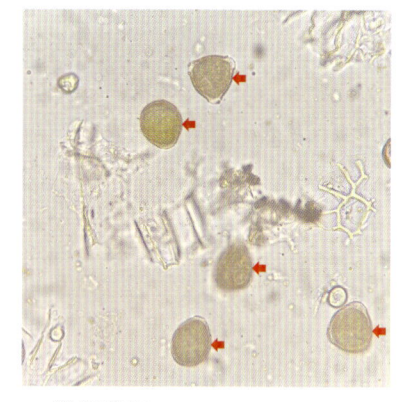

◆ 糞便檢查：
紅色箭頭處為花粉顆粒。

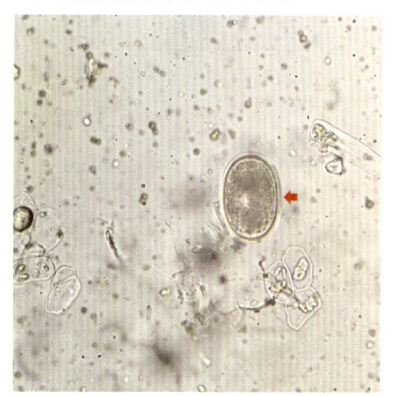

◆ 糞便檢查：
紅色箭頭處為蛔蟲蟲卵。

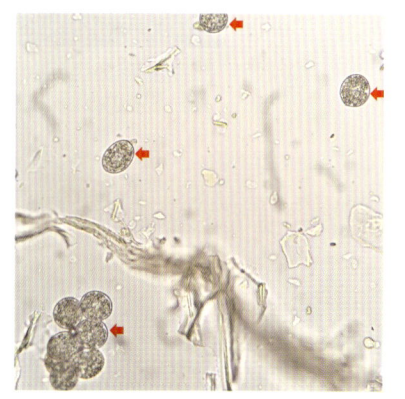

◆ 糞便檢查：
紅色箭頭處為球蟲蟲卵。

血液生化檢查

　　藉由血液檢查可以數據化肝腎狀況、確認營養情況是否有問題（血糖、蛋白質、離子平衡、血脂等）。這項檢查有體重限制，一般建議鳥兒體重需達 **40g 以上**，並且大多需要麻醉後再採血。

　　血液抹片可以查看血球狀況及血液寄生蟲，小體型的鳥兒則藉由剪趾甲採集一滴血液來進行檢查。

紅血球

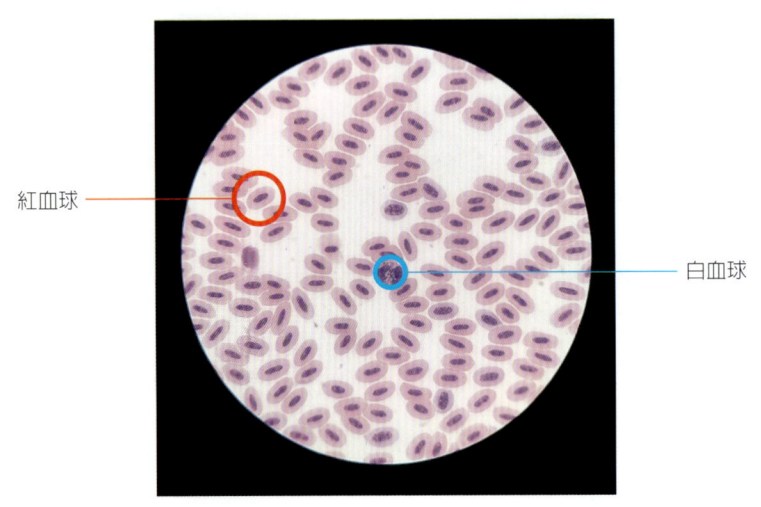

白血球

◆ 從血液抹片可以看到，鳥類的紅血球外觀呈現長橢圓形，內含細胞核。

影像學檢查

最常見的是 **X 光檢查**，可以把 3D 的鳥透視成 2D 平面影像，用以查看鳥兒的**骨頭及內臟**。相對於狗貓，鳥兒的體型較小，沒有橫膈結構來區分胸腔及腹腔，拍攝 X 光時會直接將整個身體體腔一起拍進去。獸醫師會依序檢查骨頭（脊椎、胸骨）、心臟及血管、肺臟、氣囊、前胃、肌胃、腸道、肝臟、腎臟等，確認是否有常見的異常狀況，如肝臟腫大、前胃擴張、肌胃異物等。其他拍攝區塊為頭頸部、翅膀及腳。

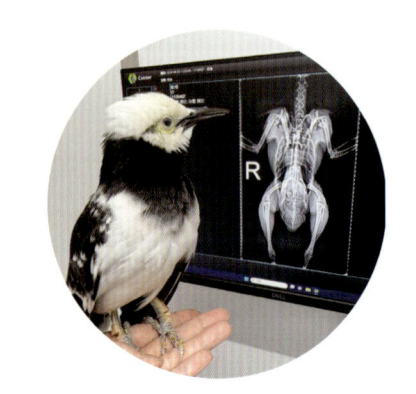

◆ 黑領椋鳥拍攝 X 光。

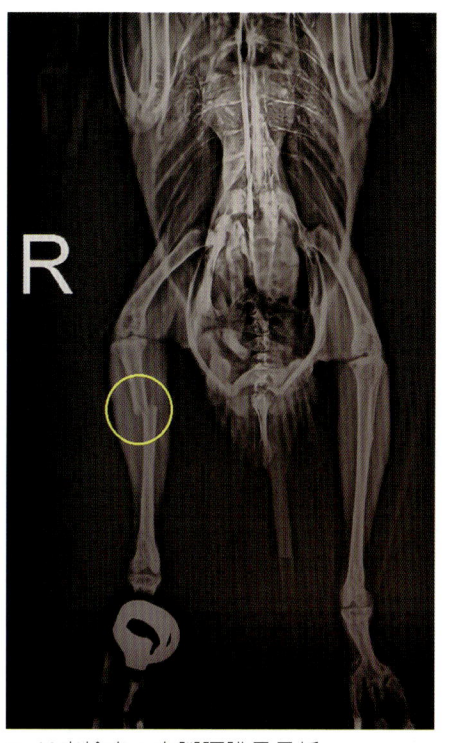

第 18 章 有事早發現，沒事放寬心：健康檢查

◆ X光檢查：右腳脛腓骨骨折。

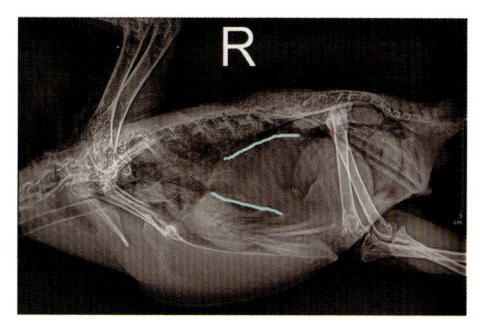

◆ X光檢查：前胃擴張。

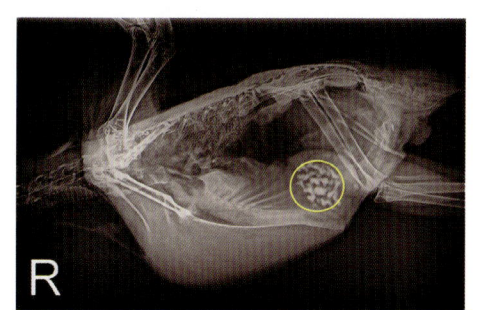

◆ X光檢查：肌胃內有金屬異物。

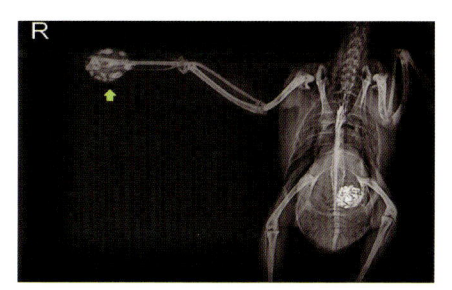

◆ X光檢查：右翅末端腫瘤。

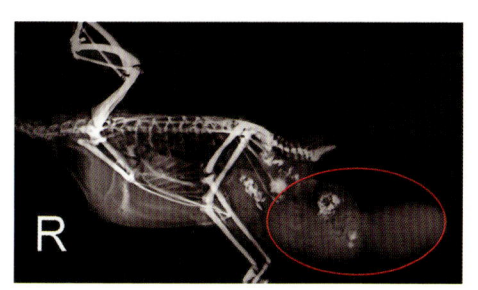

◆ X光檢查：疝氣，腸道脫出於腹腔之外。

PART 2 從看診到急救，醫生教你怎麼做

103

😊 其他檢查

　　超音波檢查跟 **X 光檢查**是相互輔助的，獸醫師通常會先用 X 光大範圍查看可能異常的區域，再用超音波來確認器官細節。另外，超音波也會使用於影像異常器官或腹腔積液引導採樣。**體型越小的鳥兒會越難操作判讀**。通常需要鎮靜後再進行檢查。

　　內視鏡檢查需要先將鳥兒麻醉後才能進行。想像一下從身體側邊的一個小傷口，將內視鏡的鏡頭伸進體腔內檢查各個內臟器官的外觀，或判斷鳥兒性別及評估性成熟的狀態。內視鏡也能無創口地經由口腔進入消化道檢查食道、嗉囊、前胃及肌胃。

　　電腦斷層、**核磁共振**則是較少使用的影像檢查，通常有懷疑的疾病才會用到。

第19章

多久餵一次？一次餵多少？
病／幼鳥餵奶注意事項

😊 定時定量錯了嗎？

先跟大家分享二個有類似餵奶問題的案例。<u>案例一</u>是一隻玄鳳幼鳥，飼主的餵食方式是「定時定量」，不論鳥兒嗉囊是否已經排空，固定的時間一到、就餵食固定的奶量。鳥寶在健康檢查時被發現對「吃」的熱情不夠，並伴隨腸胃念珠菌感染的症狀。

<u>案例二</u>是一隻成年小鸚，生病以後完全不自己進食，飼主以餵奶的方式維持營養狀況，並維持「定時定量」，即使鳥寶在餵奶之後會吐出帶酸味的奶，也不論嗉囊是否已經排空，飼主仍恪守時間一到就餵奶的方式餵食。就診檢查發現鳥寶持續消瘦，並患有嚴重的嗉囊炎。

有發現兩個案例中的共同之處嗎？——<u>不論嗉囊是否已經排空，仍然定時定量餵奶</u>。

我認為餵奶是「<u>先求有</u>（鳥兒能消化吸收）、<u>再求好</u>（餵奶量）」，比起不斷給予鳥兒食物，但鳥兒卻無法好好消化吸收利用這些養分，還不如餵奶量減少一點、餵奶濃度稀釋一點，先達到鳥兒能<u>從中獲得營養</u>的目的。另一個觀念是：用手觸摸、<u>確定嗉囊排空後 0.5～1 小時</u>（可依據鳥兒狀況與醫生討論間隔時間）再餵下一餐，這樣可避免前一餐的食物殘留在嗉囊裡酸敗。飼主可以觀察並記錄鳥寶嗉囊排空

的時間，了解鳥兒的消化狀況，更可進一步修正餵奶量或濃度。最後，**體重變化**反應了病鳥病況及幼鳥成長狀況，建議飼主每天固定於某次餵奶前測量鳥兒的體重。

😊 病鳥再灌食症候群

飢餓會減緩鳥兒的代謝速率，而長時間的飢餓甚至會導致消化道萎縮，當這些狀況發生時，鳥兒的腸道便可能無法消化平常吃的顆粒食物或達到健康狀態時的進食量。如果病鳥不願意自主進食，飼主就需要人工餵食，一般建議病鳥的餵奶量約莫是**體重的 3%～5%**，實際餵食量會需要依據鳥的狀況彈性調整。食物可以選用**商品化鳥營養粉**（如艾茉芮、飛達發鳥用加護粉）或**鳥用奶粉**。

鳥醫師推薦

艾茉芮分為草食、肉食、雜食及魚食配方，根據醫師建議調整不同配方的比例，可給予不同食性鳥兒最適合的營養。艾茉芮好吸收、單位營養熱量高，讓生病的鳥兒在食入相對少量體積的食物，即可獲得足夠熱量，明確的熱量標示也讓獸醫師方便幫病鳥計算營養需求。針對不願意主動進食的鳥兒，調製後可使用湯匙、針筒、滴瓶或餵食管餵食。願意自己進食的鳥兒，艾茉芮粉末可作為營養補充，撒在食物上讓鳥兒自行採食，但須注意，由於艾茉芮為高營養粉末，如撒粉後的食物超過兩小時未食用完，即建議丟棄。

第 19 章 多久餵一次？一次餵多少？：病／幼鳥餵奶注意事項

再灌食症候群發生於禁食一段時間、營養缺乏的病鳥，突然間給予大量食物所造成的**嚴重電解質異常**，包含低血磷、低血鉀、低血鈉、高血糖……狀況，連帶造成維生素 B1 及其他營養素缺乏，嚴重時會導致猝死。因此當鳥兒**拒食一段時間或極度消瘦**時，餵食的品項及餵食量都需要**跟醫生討論**之後再給予，餵食後的消化狀況、體重變化、精神狀況都要特別觀察及記錄，必要時須住院追蹤血液離子濃度。

😊 幼鳥餵奶頻率

不論是超幼鳥還是幼鳥，在**學會自己進食之前**，到底該多久餵一次奶呢？以下依據**幼鳥羽毛生長狀況**分成四個階段，作為新手鳥爸媽的餵食小指引，希望幼鳥們都能順利吃飽長大。108 頁開始為**鸚鵡幼鳥**的建議餵食時間，其他鳥類則需詢問專業獸醫師進行評估。

飛達發鳥用加護粉則內含多種維生素、氨基酸及礦物質，並添加益生菌。適口性佳、消化速度快、吸收力好，對於生病、受傷、緊迫或需要額外營養支援的鳥兒來說是很好的選擇。

◆ 艾茉芮和飛達發鳥用加護粉，都是幫鳥兒補充營養的好幫手。
◆ 圖片提供：寵特寶官網／品皇貿易（飛達發）

階段 1

剛孵化的超幼鳥：
每 2 小時餵奶一次，半夜也需要飼主起床「夜奶」不間斷。

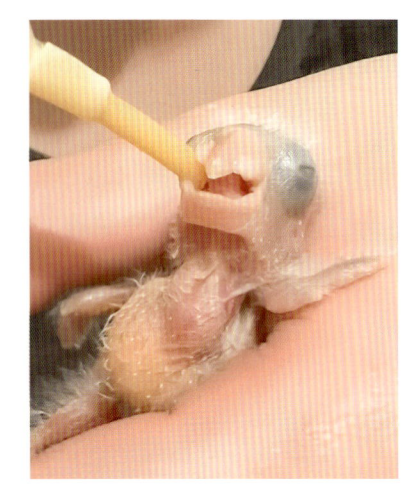

◆ 和尚鸚鵡幼鳥。
◆ 圖片提供：曾宇璇

階段 2

身體上覆蓋一點絨毛的禿毛幼鳥：
每 4 小時餵奶一次，半夜可以中斷餵奶 6 小時。

◆ 金太陽鸚鵡幼鳥。
◆ 圖片提供：David Tsuo

第 19 章 多久餵一次？一次餵多少？：病／幼鳥餵奶注意事項

階段 3

長滿羽管（針羽）的刺毛幼鳥：
餵奶時間再拉長，每 4～6 小時餵奶一次。

◆ 藍太平洋鸚鵡幼鳥。
◆ 圖片提供：希羽

階段 4

羽毛展開的 Q 毛幼鳥：
一天餵奶 2～3 餐，隨著 Q 毛幼鳥自己練習吃的量越來越多，餵食次數跟餵食量都可以漸漸減少，直到斷奶。

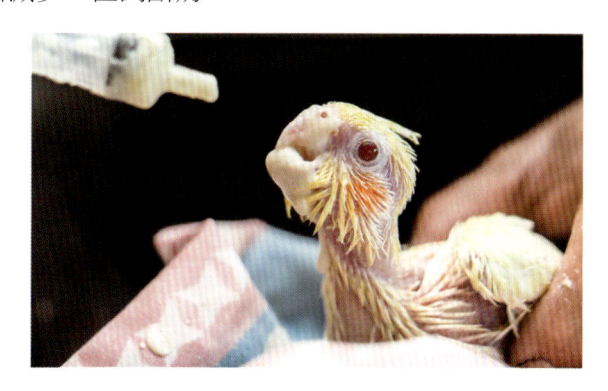

◆ 玄鳳鸚鵡幼鳥。

第 20 章

掌握技巧給藥不難
如何餵鳥兒吃藥？

鳥類被分類在生物學的動物界、脊索動物門、鳥綱，鳥綱之下的分類還有 21 目、94 科、304 屬、790 種，姑且不論從最小型到最大型的鳥類體重可以差距 7500 倍以上，光是近年來常見的寵物鳥，體重也能有 100 多倍的差距。當家裡的鳥兒生病需要給藥，無論飼養的是大型鳥或小型鳥，飼主共同的擔憂包括：鳥兒不張嘴怎麼辦？要怎麼樣才能穩定地抓住鳥兒？抓鳥兒會不會造成彼此受傷？如果鳥兒不親人，要怎麼樣才能好好餵藥？

除了體型以外，不同物種的食性及習性，還有鳥兒的個性，也都會是選擇餵藥方式的考量點。本章以下介紹幾種常見的鳥兒餵藥方式。

方式 1：藥水

藥水是最常見的鳥類口服藥類型，使用大小適合的空針筒或滴瓶，依據醫師指示的劑量直接一滴一滴地滴入鳥兒口中。很多人用針筒餵藥水會有不容易控制藥量的困擾，大多是因為採取食指及中指夾住針筒、拇指按壓活塞的持針筒手勢（如 111 頁圖片錯誤示範，這也是一直以來在影音媒體上會看到的手勢），並不適合用來控制擠出較少的液體量。

修改一下持針筒的方式就會有所幫助：一樣用拇指推壓針筒活塞，但是改用剩餘的四隻手指及手掌固定住針筒（如右圖下）。

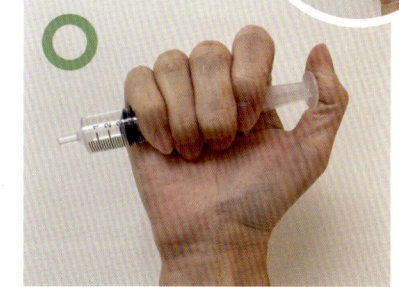

◆ 用針筒經口給藥是最常見的餵藥方式。　　◆ 建議餵藥時使用的拿針筒手勢。

方式 2：藥粉

怕受潮或不適合長時間浸泡在液體裡的藥物，以及需要精準給藥的鳥兒，看完醫生可能會拿到藥粉。藥粉可以於餵藥前混合一點水、糖漿、蜜水、果汁、果泥或鳥奶粉等，以針筒或湯匙餵食。如果鳥兒喜歡混合後的液體，或願意吃灑在其他濕濕的食物上（如蔬果鮮食，或噴一點水在穀物飼料上）的藥，也可以放置於籠內讓牠自行取食。

方式 3：膠囊

膠囊可以隔絕藥物的味道，對於鴿子來說是很好的給藥方式。先將膠囊沾一點水，輕輕撥開鴿子的嘴巴，再把膠囊垂直塞進鴿子口腔中。當膠囊經過口腔進入食道時，我們可以輕易地隔著薄薄的皮膚看到及摸到膠囊，此時需要飼主用手輕柔地把膠囊沿著脖子側邊的食道「順到」嗉囊中。

方式 4：管餵

管餵的餵食管有常見於搭配針筒餵食幼鳥用的矽膠軟管，或獸醫師常用的不鏽鋼金屬餵食管，以及比較少見的食道胃管。

管餵最重要的是確認餵食管好好待在食道裡，而不是誤入隔壁的氣管。首先要知道氣管口及食道口在口腔內的正確位置：氣管口在舌根下方（如圖），食道口的位置則在氣管口的後方。

使用餵食管灌食最好兩個人一起操作，一個人負責保定、一個人負責灌食。鳥兒被保定的姿勢呈現正常站姿，位置高度在操作餵食管者的肚臍左右。拿餵食管的人用非慣用手將鳥兒的頭固定朝上，輕柔而有力地往上延伸脖子，慣用手將餵食管放入鳥兒口腔，沿著食道進入嗉囊。這個過程應是順暢且無阻力的，隔著嗉囊皮膚可以摸到餵食管的末端開口，確認正確放入之後便可將針筒內的藥物推入。

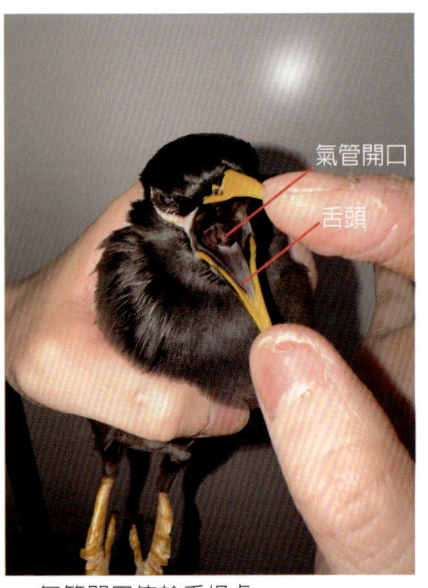

推藥時須注意看著口腔內是否有液體滿出來，若有需要立即抽出餵食管並放下鳥兒，讓牠自行甩掉口腔內多餘的液體，以減少嗆到的機會。餵完之後須維持鳥兒頭部向上的姿勢，避免擠壓到嗉囊，並盡快放回籠內休息。

◆ 氣管開口位於舌根處。

第 20 章 掌握技巧給藥不難：如何餵鳥兒吃藥？

用**食道胃管**（esophagostomy tube）餵藥或灌食，技巧上比用餵食管更簡單而容易。但食道胃管是比較少見的管餵通道，需要藉由**麻醉手術**才能放置，管子會從鳥兒脖子側邊的食道進入，末端開口則在遠端食道或者前胃中。

餵食前需先準備填充好**藥水**或**液狀食物**的針筒，以及填充**飲用水**的針筒，並依照下列步驟進行灌食：

❶ 將藥水或調製好的液狀食物抽入針筒，並準備一支裝有飲用水的針筒

❷ 將靠近食道胃管開口的管子對折

❸ 打開胃管開口，並接上針筒

❹ 鬆開管子對折處，推入藥物或液狀食物

❺ 再次將靠近食道胃管開口的管子對折

❻ 換上填充飲用水的針筒

❼ 鬆開管子對折處，推入飲用水（目的為沖洗管路，水量需與獸醫師確認）

❽ 最後將靠近食道胃管開口的管子對折

❾ 移除飲用水針筒，蓋上食道胃管蓋子

◆ 鳥兒放置食道胃管的示意圖。

😀 方式 5：混合於飲用水或飼料中

　　針對<u>很容易緊張</u>的鳥兒，獸醫師有時會計算鳥兒的飲水量或進食量之後調製藥品，判斷每次需要加入多少藥量在飲用水或飼料中，飼主除了須按照醫囑將藥品按比例充分混合於水或飼料中，另外需要觀察鳥兒的<u>飲水及進食狀態</u>（或觀察其糞便量），以確認鳥兒能獲得足夠的藥量。

　　以上就是常見的給藥方式，不同的鳥兒個體、病況、獸醫師都會影響給藥方式，如果遇到需要餵鳥兒吃藥的時候，還是要<u>跟獸醫師討論</u>什麼餵藥方式比較適合自家鳥兒。在餵藥過程中遇到困難或是不確定的狀況，也要再度跟獸醫師討論修正的方式。

橙腹擬黃鸝
baltimore oriole

第21章

輔助吃藥的好方法
鳥可以打點滴嗎？

Q 鳥可以打點滴嗎？

A 可以！

打點滴，用台語說是「吊大筒」，在一些飼主口中叫做「打水」或「打營養針」，而醫療人員則稱之為「輸液」。

鳥類身體有 60％～ 70％是由水分組成，主要調節器官為腎臟、腸道及鹽腺。當疾病發生時，鳥兒常會因為食慾不好、食量下降、嘔吐或拉肚子，而造成程度不等的**脫水現象**及**電解質失衡**。有些時候我們會看到鳥兒一直在喝水，排泄物中的尿液量也很多，但還是發生脫水，就是因為水分無法被妥善利用，或者流失的速度比攝取的速度更快。嚴重脫水的話，甚至可能會導致死亡。

🔵 打點滴的位置

對於輕度脫水的鳥兒，可以不用真的「打」點滴，取而代之的是利用餵食管少量多次「口服」點滴液。

鳥兒最常見的打點滴位置在皮下，也就是皮膚之下，通常會施打在大腿跟身體連接的鼠蹊部。我常常開玩笑跟飼主說，在這邊打點滴，鳥兒可能會覺得胯下腫腫怪怪的，但是過幾個小時吸收之後就會好了。

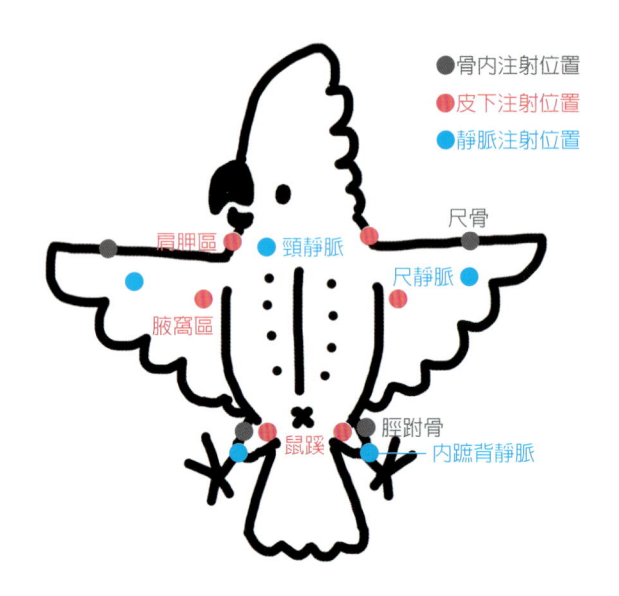

●骨內注射位置
●皮下注射位置
●靜脈注射位置

肩胛區　頸靜脈　尺骨
腋窩區　　　　　尺靜脈
　　　鼠蹊　脛跗骨
　　　　　　內蹠背靜脈

◆ 鳥兒注射輸液位置示意圖。

施打皮下點滴的好處是可以在短時間內補充比較大量的點滴液，身上也不用因為掛著一串管子而造成緊迫，但對於嚴重脫水的鳥兒來說，這個給予途徑可能會吸收不良。

除了皮下點滴，鳥類也有和人或狗貓一樣、放置點滴軟針在血管裡的靜脈點滴，以及放在特定長骨內的骨內點滴。靜脈點滴及骨內點滴通常都需要長時間緩慢注射，優點是可以在不同時間微量調整點滴的內容成分並給予藥品，兩者吸收效率差不多，但都比皮下點滴還高。缺點是除了需要掛著一串管子造成緊迫之外，這些管路也很容易被鳥兒破壞。

什麼情況下會決定使用靜脈點滴或骨內點滴呢？通常會依鳥兒的體型判斷：小型鳥的血管可能比點滴軟針還細，因此用骨內點滴會更適合。另外，如果發生嚴重脫水，血管會變得塌陷、缺乏彈性，這種時候在靜脈放置點滴軟針會變得很困難，而比較粗的骨頭就成為更好的選擇。

打針的位置

鳥兒有時候會需要注射藥品，除了打點滴使用的靜脈、骨內及皮下途徑之外，肌肉注射也是很常使用的方式，施打位置會在鳥兒身上最大塊的肌肉——胸肌上。胸肌附著於胸骨上，胸骨可以阻隔並保護心臟及其他內臟器官，讓肌肉注射相對較為容易且安全。

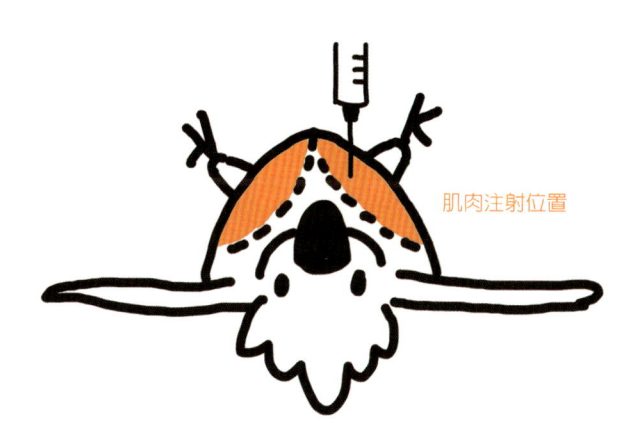

◆ 肌肉注射位置示意圖。

第22章

把握搶救黃金時間
鳥 CPR 心肺復甦術

開頭先來做個心理建設，基本上鳥兒因為身體狀況不佳所導致的呼吸停止（也就是除了氣體麻醉劑所引起的呼吸停止之外），通常在極短的時間內就會遇上心跳停止。換句話說，<u>呼吸停止的鳥兒死亡率極高</u>。但如果在家裡真的剛剛好即時發現鳥寶失去意識，甚至停止呼吸了，我們能做什麼呢？

步驟 1：確認有無呼吸

鳥的鼻孔很小，呼吸的氣流也小，因此用手在鼻孔前感受呼吸氣流、確認呼吸狀況是很沒效率的。評估鳥兒是否有呼吸，最快、最直接的方式是<u>用眼睛觀察胸骨的上下起伏狀況</u>。若有呼吸，請嘗試輕拍喚醒鳥寶；若無呼吸，請繼續進行步驟 2 的動作。

◆ 看胸骨是否上下起伏。

第 22 章　把握搶救黃金時間：鳥 CPR 心肺復甦術

😊 步驟 2：維持呼吸道暢通

撥開鳥的嘴巴，徒手或用棉棒快速<u>清除嘴裡的食物、液體或異物</u>。確認嘴裡沒有東西之後，<u>墊高鳥兒頭部</u>（維持頭部朝上）並避免擠壓嗉囊造成內容物流出。

◆ 暢通呼吸道。

😊 步驟 3：確認有無心跳

心臟位於胸骨下方，因此將耳朵貼在鳥的<u>胸骨</u>（胸肌，也就是雞胸肉的位置）上，可以直接聽到鳥的心跳聲。

◆ 用耳朵確認心跳。

😊 步驟 4：人工呼吸至少持續 2 分鐘

幫助呼吸（人工呼吸）吹氣時，鳥兒的胸骨會向上抬升（想像一下氣球充氣擴張變大的樣子），鳥兒吐氣時胸骨位置則會下降。<u>小型鳥</u>請以口包覆口鼻，直接吹氣；<u>大型鳥</u>則用手指遮住鼻孔，並以口包覆鳥嘴吹氣。吹氣速度約每 <u>1.5 秒～ 3 秒吹一下</u>，人工呼吸吹氣 5 下之後，停下來確認是否恢復呼吸及心跳。

◆ 以口吹氣幫助呼吸。

步驟 5：按壓胸骨

若人工呼吸後仍然沒有呼吸及心跳，則須按壓胸骨做心臟按摩：讓鳥肚子朝上呈仰躺姿勢，小型鳥用 1 隻手指按壓胸骨，大型鳥則用 3 隻手指按壓胸骨。按壓速度約為每 1 秒～1.5 秒按一下，連續按壓 10 下後再進行 2 次人工呼吸，每 1 分鐘確認一次是否恢復呼吸、心跳及意識。如果順利恢復，務必儘速就醫，解決呼吸停止的根本原因。

◆ 用手指壓胸。

獸醫師談鳥事

YouTube 頻道
鳥 CPR 影片教學

第 23 章

好好說聲再見
關於安樂死

　　這部分比較沉重，但還是想在最後的最後，藉由這一章給予部分必須面對這個課題的家長們一點幫助與思考。

　　回想起相遇的某個日子，或許是路過匆匆一瞥就離不開的緣分，或許是考慮了很久才決定成為負責任的鳥爸媽，也或許是一隻不請自來需要救援的鳥兒，無論如何，這個特別的生命就這樣走入我們的生活之中，成為了家人。人鳥之間的默契和生活點滴隨著時間累積，在走到鳥寶生命盡頭的時候，成為飼主最放不下的痛。

　　在台灣，無論病況如何、是否承受著痛苦，或甚至有無意識，身為人類都沒辦法自己決定「安樂死」，但是動物可以。而我會說：這是身為動物才能享有的福利。

　　在不同的獸醫師宣誓誓詞裡，共同提到的內容是：「**我將本諸良心、尊嚴、職業道德，以及專業倫理，尊重動物生命、保護動物健康、解除動物痛苦。**」對於因為病程走到末期，無法痊癒也無法減輕痛苦的動物們，獸醫師便應該給飼主安樂死的建議選項。身為獸醫師，提出並給予這個選項是困難且充滿不捨的，但有時候只有以獸醫師的身分角色提出時，才能幫飼主指出另一條說不出口的路，**讓動物能夠脫離痛苦**。

對於大部分的飼主來說，得到這個建議之後，究竟是要陪著鳥兒繼續努力，還是要放手跟牠說聲再見？美國獸醫學會有一份從各種面向評估動物生活品質的量表，大致包含：讓動物感到不適的疼痛感、基本生存所需的飲食狀況、本能的衛生習慣及活動能力、心情上是否仍能感受到快樂及跟飼主的互動狀況，和依據動物病況評估預後生活如何。這份量表（詳見 123 頁）或許可以幫助飼主更客觀地評估鳥兒狀況及做出決定，獸醫師也會不斷地使用這個量表進行評估。

　　最後想跟鳥爸媽們說，不論決定是什麼，相信一定是用無數日夜仔細考慮後的結果，**而這個決定沒有對錯，一定是最好的！**謝謝鳥兒曾為自己努力過，也謝謝曾為鳥兒努力過的你。

積極治療或安樂死 （美國獸醫的評分標準）

　　七項指標：0～10 分客觀的評估，0 代表情況最糟，10 則是最好，如果總分高於 35，代表牠的生活品質仍達標，還不需要安排安樂死。

細尾鷯鶯

第 23 章 好好說聲再見：關於安樂死

項目	評分內容	得分
疼痛*	治療能有效舒緩牠的疼痛嗎？ 牠還能不能順暢呼吸？需要人工供給氧氣嗎？	0 ～ 10 ☐
食慾	牠吃得夠多嗎？需要你親自餵食嗎？ 需要使用餵食管嗎？	0 ～ 10 ☐
飲水	牠有沒有規律喝水？有脫水現象嗎？ 需要皮下注射液體嗎？	0 ～ 10 ☐
衛生	牠的皮膚與毛色依舊乾淨柔軟嗎？ 有沒有因較少活動而生瘡？ 如果牠已經無法照顧自己，你有空閒幫牠打理梳整嗎？	0 ～ 10 ☐
幸福	牠表現出好奇心與活力嗎？ 能回應呼喚、與家人互動嗎？ 是否憂鬱、意興闌珊、焦躁或害怕？ 牠的小床靠近家庭主要活動區、不被隔離在外嗎？	0 ～ 10 ☐
活動力	牠能自己站立嗎？需要人力或機器協助嗎？ 喜歡散步嗎？是否有癲癇或走路不穩的狀況？ （即使是截肢的寵物，也必須觀察牠的注意力與反應力）	0 ～ 10 ☐
好日子頻率	你覺得牠的好日子多過壞日子嗎？ 或是壞日子已經多到犧牲生活品質了呢？ 你和牠之間的連繫依舊緊密美好嗎？	0 ～ 10 ☐
總分	總分超過 35 分一般不用考慮安樂死	0 ～ 70 ☐

◆ 第一項的「疼痛」程度，只要有嚴重的疼痛或呼吸問題，還是必須請教獸醫師，討論接下來的安排。
◆ 資料來源：The New York Times

附錄

鳥兒的家庭健康管理

😊 籠子選擇及布置

　　雀鳥類的籠子可選擇木頭或竹製的，啃咬力強的鸚鵡則建議使用不銹鋼籠（又稱為白鐵籠），避免鸚鵡破壞鳥籠或誤食金屬鳥籠的烤漆部分。

　　籠內放置 2～3 根以上不同材質的棲木，棲木粗細以鳥兒的腳可以抓握 1/2～2/3 圈為主。休息用的棲木是籠內位置最高的棲木，材質可選用木製或由棉繩纏繞而成。有些飼主會在籠子內擺放磨趾甲用的棲木，需要特別注意一件事：鳥兒必須在磨指棲木上移動及抓握才可能會有效果，所以可將這類棲木放置於飼料盒或盛水容器前，讓鳥兒進食飲水時可以在棲木上走動磨爪。

　　鳥窩、鳥巢、巢箱、帳篷等都不是籠內擺設的必需品，鳥兒只有育雛或冬天禦寒的時候會使用到。若鳥兒有過度發情產蛋的情形，這些物品都需要移出鳥籠，以減少發情的刺激因素。

　　籠子內可放不同類型的鳥玩具讓鳥兒打發時間，使用覓食玩具或變化各種給食方式，會激發鳥兒動腦解決問題的能力，減少籠養的刻板行為及啄羽問題。鳥籠擺放位置須至少有一面靠牆，才能提供鳥兒被遮蔽的安全感。

環境溫度及濕度控制

四季交替變遷的時候，例如溫度漸進式地升高至炎熱的夏天，或慢慢降溫至寒冷的冬天，如果溫度變化緩慢，鳥的狀況就會相對穩定。劇烈的溫差對鳥兒而言是嚴重的緊迫因子，舉例來說：盛夏的白天室溫可能達到 35℃ 以上，但夜晚因為飼主回到家開冷氣，室溫驟降至 25℃，這樣的溫差壓力就會讓鳥兒感到不適及生病。不同鳥種偏好的環境溫度不同，多數健康寵物鳥在台灣的氣候下生存，是不需要保溫的，但需要避免夏天的冷氣或冬天的寒風直吹。

與溫度的情形類似，每種鳥兒對於濕度的喜好也不盡相同。對於多數寵物鳥來說，濕度維持在 50～60% 是比較舒適的。潮濕的環境會讓鳥兒感到悶熱，對於黴菌生長及疾病傳播也會有助益。濕度過低的環境則會讓鳥兒的皮膚過於乾燥感到不適，羽毛也會失去光澤。

觀察健康狀況

活動力

大部分健康鳥兒像是充飽電的電池，總是充滿活動力、到處探索。不過評估活動力並沒有一定的標準，每隻鳥兒都有自己的個性及習慣，依據年紀大小也會表現出不同的活動力。因此觀察鳥兒的活動力是很重要的每日功課，飼主可以透過跟鳥兒的互動及默契，了解鳥兒的「正常狀態」，當鳥兒「變得跟之前不太一樣」的時候，就可能是鳥兒生病的表現。

舉個讓大家會心一笑的例子：門診時曾有許多飼主提到鳥兒跟平常的表現不同：「鳥兒變乖了」、「鳥兒太安分了」、「鳥兒不唱歌也不講話了」等等，這些變化都是細心的飼主才會發現的。

食慾及食量

食慾是對食物感到有興趣，**食量**是吃進肚子裡的食物量，這兩個是不一樣的。

舉個例子，有時候鳥兒挑食，對愛吃的食物有興趣（有食慾），但面對不愛吃的食物，可能就會出現食量較少的狀態。

鳥兒每天進食量大致相同，可藉由給食前食後測量食物重量來得知鳥兒的進食量。如果有**進食不穩定**的情況，例如斷奶中的幼鳥（自己吃的不夠多、又不太願意被餵食）或生病中的鳥兒，**觀察食量變化**是很重要的。

羽毛蓬鬆程度

鳥兒羽毛輕微蓬鬆的狀態會出現在心情愉悅、整理羽毛或睡覺休息的時候。當鳥兒感到寒冷，羽毛會蓬鬆到**「炸毛」程度**，整隻鳥會看起來像是個毛線球一樣，藉由羽毛間的空氣層阻隔外在冷空氣，達到**保暖**效果。病鳥維持體溫及代謝的能力比較差，鳥兒會還會出現縮著脖子、嗜睡或食慾變差的情形。

感到**炎熱**的鳥兒會讓**羽毛緊貼皮膚**，減少跟外在冷空氣之間的阻隔，垂下翅膀讓空氣流經身側時帶走熱氣，並張口呼吸增加散熱。

嘔吐或吐料

同樣是從嘴裡吐出食物，但**嘔吐**和吐料有很大的不同。嘔吐可能是暈車、嗉囊炎、中毒……等**身體不舒服**的原因所引起，鳥兒會藉由甩頭的動作清掉口中嘔吐物，飼主會發現鳥兒頭部、臉頰及身上的羽毛有一條一條的嘔吐物痕跡，並帶有酸臭味。

吐料則發生在鳥兒**發情**時，通常精神好、食慾好、沒有其他異常表現，鳥兒會對特定的人或物品吐出嗉囊中的食物，這些食物呈現一坨一坨的，鳥兒也有可能會再次將這些食物吞回去。

打噴嚏

健康鳥兒偶爾會打噴嚏，發生的時間點在**整理羽毛、洗澡或溫差變化大**的時候。鳥兒整理羽毛時若不小心吸入小羽毛或羽屑，會使用腳抓搔鼻孔周圍，並藉由打噴嚏來清除這些髒東西。洗澡時鳥兒會讓水流經鼻腔來清潔，看起來也會像是在打噴嚏。

上呼吸道感染引發的打噴嚏是**沒有特定時間性**的，鼻孔周圍羽毛被鼻分泌物浸濕，看起來會是深色的兩撇小鬍子。有些鳥兒連帶會出現眼淚多、眼睛紅腫，或呼吸時有聲音的情況。

破損的羽毛

羽毛破損可能是**生理或心理異常**所引起。**體外寄生蟲**如羽蝨或羽蟎會啃食羽毛，讓羽毛呈現破損外觀；**身體**各部位的**不適**也都可能會

引起鳥兒啃咬破壞羽毛。過於無聊、生活環境差、營養不良會造成**鳥兒緊迫**，鳥兒可能藉由啃咬羽毛緩解各種心理壓力。

神經症狀

舉凡癲癇（反覆抽搐）、角弓反張（頭部及肢體反向後仰、像一張彎曲的弓）、眼球震顫等**無法由意識自由控制的狀態**，都屬於神經症狀。飼主如果發現鳥兒出現這些症狀，除了看醫生，還需要給鳥兒安穩的環境，並避免墜落或吸入異物造成二次傷害。

👁 觀察糞便

數量

健康鳥兒每天食量大致相同，排出的糞便量應該也會差不多。當鳥兒**糞便量**有所增減，就應該確認**食量**是否有改變。糞便量減少可能是因為鳥兒食慾不振或誤食異物阻塞。

大小

鳥兒的糞便大小多數相似，如果短時間內多數糞便都變大坨，有可能是受到**腹腔內器官腫大而造成壓迫**，或者是因為**發情產蛋**的影響。

形狀

　　正常鳥兒糞便呈現條狀。斷成一小截一小截的形狀，或糞便內有未消化的食物顆粒，常與消化不良有關。下痢（拉肚子）的糞便則沒有形狀，呈現糊糊散散的狀態。

顏色

　　糞便顏色與食物有非常大的關係。喝配方流質食物的糞便多為淺黃色。鸚鵡以穀類及種子食物為主食，糞便顏色從淺綠色到深綠色都算是正常的。食用綠色蔬菜的糞便會比較深綠色、吃了火龍果的糞便呈現紅色、吃木瓜的糞便為橘黃色。即使是商品化顆粒飼料（滋養丸），依據鳥兒偏好採食的顏色不同，糞便顏色也會不一樣。因此若沒有改變飲食，但糞便顏色改變，則可能為異常狀況。

　　其他糞便顏色異常包括紅色及黑色糞便可能是血便，白色糞便可能與胰臟功能異常有關。

氣味

　　鳥兒糞便有酸臭味是不正常的，可能與細菌或黴菌性腸炎有關。

觀察尿液及尿酸鹽

尿液量

　　尿液是包裹在糞便之外的液體。尿液量改變的原因可分為生理性及病理性。當鳥兒飲用的水分較多，如天氣熱多喝水、換羽、發情產蛋等情況，或者鳥兒洗澡時喝到水，尿液量會呈現生理性的增加。病理性原因則多發生在腎臟疾病。

顏色

① 紅色：可能是腸道、泄殖腔及生殖器官出血，或腎臟疾病（如鉛中毒）導致。
② 黃色：多與肝臟疾病相關。
③ 綠色：多與肝臟疾病相關。
④ 質地濃稠的白色尿酸：可能與脫水有關。

◆ 黃色尿酸，因肝臟受損引起。

◆ 綠色尿酸，因披衣菌感染造成肝臟損傷。

🐦 日常保健

> 洗澡

　　洗澡對鳥兒的健康是有所幫助的，除了基本的清潔羽毛，在天氣較炎熱時有助於調節體溫。當水落在羽毛上，鳥兒會本能地做出拍翅膀、抖落水花的動作，還能提高代謝速率，是肥胖鳥兒減肥的好方法。

　　關於鳥兒是否喜歡洗澡，依據不同品種或個體，喜好程度會有所差別。對於不喜歡洗澡的鳥兒，飼主可使用噴霧罐噴出的水霧來幫助鳥兒洗澡，建議將噴霧罐對著鳥兒的上方噴灑，讓水霧藉著重力落到鳥兒身上，可以避免鳥兒受到驚嚇。

　　至於愛洗澡的鳥兒，也有喜歡小澡盆盆浴和喜歡水流淋浴的差別。小澡盆需選用平底的容器，當鳥兒站在澡盆裡面，水的深度淹到鳥兒的肛門（或水深處碰到鳥兒腹部）即可。淋浴的水流需細小，避免鳥兒身體受到過度衝擊。

剪趾甲

門診常聽到的剪趾甲問題包括：「鳥也需要剪趾甲嗎？」「我已經放了磨趾甲的站棍了，還需要剪趾甲唷？」「鳥多久需要剪一次趾甲？」

其實鳥兒的趾甲有助於抓握時的穩定性，在某些物種也有攻擊捕獵的功能，因此過短的趾甲是不利於鳥類生存的，但對於人為飼養的寵物鳥，影響就比較有限。過長的趾甲對鳥兒來說負擔較大，除了會影響抓握之外，有些過長的趾甲呈螺旋樣生長，讓腳趾被迫彎曲活動，會引發關節變形及疼痛。站姿不良會讓鳥兒把重心放在不對的位置，不當壓迫則會造成鳥兒的腳掌患有禽掌炎。

那鳥趾甲該剪到哪裡呢？想像一條直的假想線，沿著鳥兒伸直的腳趾頭延伸出去，假想線跟趾甲的交會點就是剪趾甲的位置。

幫鳥剪趾甲需要準備趾甲剪工具（我常用小的斜口鉗）及止血粉。止血粉用於不小心誤傷趾甲內血管時，抹去血滴後在趾甲上加壓止血粉止血。止血粉可在動物醫院或寵物店購買取得。

另外，需要特別注意一個重點：剪趾甲的人一定要一手固定住待剪趾甲的那根腳趾頭，另一手持工具剪趾甲，這樣才能避免鳥兒掙扎晃動導致趾甲剪太短或誤傷腳趾頭。如果手不夠大或無法一邊固定鳥兒一邊剪趾甲，則需兩個人一起操作，一人固定鳥兒、另一人剪趾甲。

附錄 鳥兒的家庭健康管理

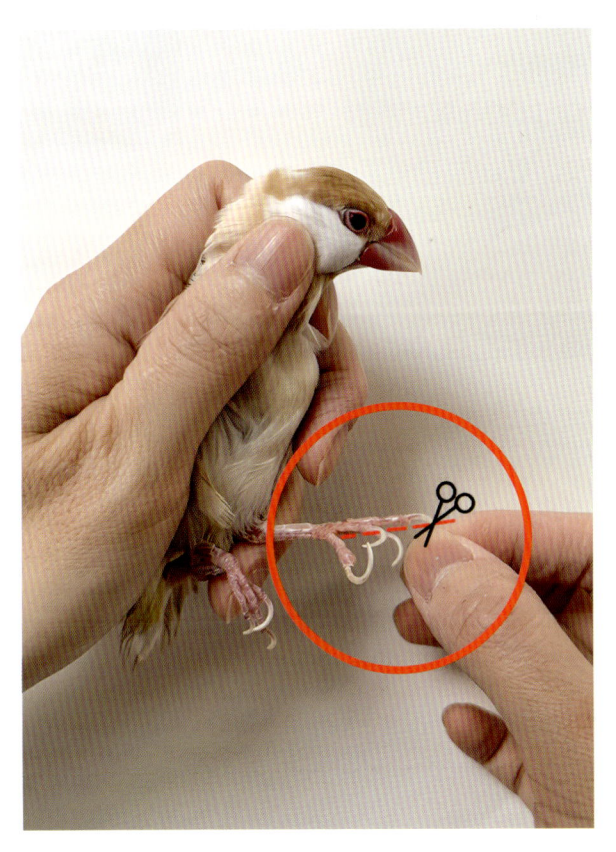

◆ 鳥兒剪趾甲的建議位置示意圖。

歐洲綠啄木鳥 eurasian green woodpecker

133

晨星寵物館重視與每位讀者交流的機會，
若您對以下回函內容有興趣，
歡迎掃描QRcode填寫線上回函，
即享「晨星網路書店Ecoupon優惠券」一張！
也可以直接填寫回函，
拍照後私訊給FB【晨星出版寵物館】

◆讀者回函卡◆

姓名：＿＿＿＿＿＿＿＿＿＿ 性別：□男 □女 生日：西元 ＿＿＿／＿＿＿／＿＿＿
教育程度：□國小 □國中 □高中／職 □大學／專科 □碩士 □博士
職業：　□學生　　　□公教人員　　□企業／商業　□醫藥護理　□電子資訊
　　　　□文化／媒體　□家庭主婦　　□製造業　　　□軍警消　　□農林漁牧
　　　　□餐飲業　　　□旅遊業　　　□創作／作家　□自由業　　□其他＿＿＿＿
＊必填 E-mail：＿＿＿＿＿＿＿＿＿＿＿＿＿＿＿＿＿＿＿ 聯絡電話：＿＿＿＿＿＿＿＿
聯絡地址：□□□＿＿＿＿＿＿＿＿＿＿＿＿＿＿＿＿＿＿＿＿＿＿＿＿＿＿＿＿＿＿
購買書名：**鳥醫師診療室**＿＿＿＿＿＿＿＿＿＿＿＿＿＿＿＿＿＿＿＿＿＿＿＿＿

・本書於那個通路購買？　□博客來　□誠品　□金石堂　□晨星網路書店　□其他＿＿＿＿
・促使您購買此書的原因？
□於＿＿＿＿＿＿書店尋找新知時　□親朋好友拍胸脯保證　□受文案或海報吸引
□看＿＿＿＿＿＿網路平台分享介紹　□翻閱＿＿＿＿＿＿報章雜誌時瞄到
□其他編輯萬萬想不到的過程：＿＿＿＿＿＿＿＿＿＿＿＿＿＿＿＿＿＿＿＿＿＿
・怎樣的書最能吸引您呢？
□封面設計　□內容主題　□文案　□價格　□贈品　□作者　□其他＿＿＿＿＿
・您喜歡的寵物題材是？
□狗狗　　□貓咪　　□老鼠　　□兔子　　□鳥類　　□刺蝟　　□蜜袋鼯
□貂　　　□魚類　　□烏龜　　□蛇類　　□蛙類　　□蜥蜴　　□其他＿＿＿＿
□寵物行為　□寵物心理　□寵物飼養　□寵物飲食　□寵物圖鑑
□寵物醫學　□寵物小說　□寵物寫真集　□寵物圖文書　□其他＿＿＿＿＿
・請勾選您的閱讀嗜好：
□文學小說　□社科史哲　□健康醫療　□心理勵志　□商管財經　□語言學習
□休閒旅遊　□生活娛樂　□宗教命理　□親子童書　□兩性情慾　□圖文插畫
□寵物　　　□科普　　　□自然　　　□設計／生活雜藝　□其他＿＿＿＿＿

國家圖書館出版品預行編目（CIP）資料

鳥醫師診療室：一次搞懂常見鳥兒疾病的預防與治療/張佳倖著. -- 初版. -- 臺中市：晨星出版有限公司,
2024.11
　　136面 ; 16×22.5公分. -- (寵物館 ; 125)
ISBN 978-626-320-935-0(平裝)

1.CST: 鳥類 2.CST: 寵物飼養

437.794　　　　　　　　　　　　113012447

寵物館 125
鳥醫師診療室
一次搞懂常見鳥兒疾病的預防與治療

作者	張佳倖
插圖	李婕熙
編輯	余順琪
封面設計	初雨有限公司
美術編輯	點點設計✕楊雅期

創辦人	陳銘民
發行所	晨星出版有限公司
	407台中市西屯區工業30路1號1樓
	TEL：04-23595820　FAX：04-23550581
	E-mail：service-taipei@morningstar.com.tw
	http://star.morningstar.com.tw
	行政院新聞局局版台業字第2500號
法律顧問	陳思成律師
初版	西元2024年11月01日
初版二刷	西元2025年01月10日

讀者服務專線	TEL：02-23672044／04-23595819#212
讀者傳真專線	FAX：02-23635741／04-23595493
讀者專用信箱	service@morningstar.com.tw
網路書店	http://www.morningstar.com.tw
郵政劃撥	15060393（知己圖書股份有限公司）
印刷	上好印刷股份有限公司

定價 350 元
（如書籍有缺頁或破損，請寄回更換）
ISBN：978-626-320-935-0

圖片來源：張佳倖／Shutterstock.com
其餘提供者請見內頁標示

Published by Morning Star Publishing Inc.
Printed in Taiwan
All rights reserved.

版權所有・翻印必究

｜最新、最快、最實用的第一手資訊都在這裡｜